中国风景感受美学的现代性

廖宇航　著

同济大学 出版社
TONGJI UNIVERSITY PRESS
·上海·

图书在版编目(CIP)数据

中国风景感受美学的现代性/ 廖宇航著. -- 上海:
同济大学出版社,2023.9
 ISBN 978-7-5765-0780-5

Ⅰ.①中… Ⅱ.①廖… Ⅲ.①园林艺术-景观美学-
研究-中国 Ⅳ.①TU986.2

中国国家版本馆 CIP 数据核字(2023)第 013852 号

中国风景感受美学的现代性

廖宇航　著

责任编辑　吕　炜　　**助理编辑**　邢宜君　　**责任校对**　徐春莲　　**封面设计**　完　颖
封面摄影　黄桂旋

出版发行	同济大学出版社　　www.tongjipress.com.cn
	(地址:上海市四平路1239号　邮编:200092　电话:021-65985622)
经　销	全国各地新华书店
制　作	南京月叶图文制作有限公司
印　刷	常熟市华顺印刷有限公司
开　本	787mm×1092mm　1/16
印　张	11.75
字　数	293 000
版　次	2023 年 9 月第 1 版
印　次	2023 年 9 月第 1 次印刷
书　号	ISBN 978-7-5765-0780-5

定　价　72.00 元

序

　　风景美感、风景审美、风景哲学是风景感受美学的三元核心，也正是本书三元一体研究的核心所在。风景美感源自人类个体的内在，其与个体所在的日常生活场地、场所、场景密不可分，由感而发、由内而外、自下而上表达着个体的内心，实现着每一个体的诉求，最终达到的情境因人而异；风景审美同样来自个体的主观判断，但是这种个体审美集合之后形成了新的主观判断，这就是大家习以为常的群体审美，风景美学的基础就是群体审美，由此产生了一种由知而发、由外而内、自上而下的主观判断，即所谓"永恒的价值"；围绕风景美感、人类个体、群体审美、永恒价值，风景哲学应运而生。风景的美感、审美、哲学三者关系既是层层递进，也是三元耦合。美感是基础，审美是升华，哲学作总结。宇航十几年前师从于我，选择此题作为博士学位论文研究方向，开启了这三元及其之间关系探寻的艰难历程，研究难度可想而知，所收所感也尽在此书之中，值得肯定，可喜可贺！

　　该书名中的"现代性"传达了师门三代人70多年关于中国风景园林的学术追求：寻求中国风景感受优秀传统走向现代的转变之路，实现中国优秀风景感受审美的赓续。始终不渝，痴心不改，"现代性"所面对的是当代人风景感受之需，通过转译、转换、转变这"三转"实现中国风景审美的"古为今用，洋为中用，百花齐放，推陈出新"，将优秀的中国风景感受审美落在今天和明天的中华大地之上。

　　取得学术成就突破，师承是必要的。我师从于导师冯纪忠先生，宇航又师从于我。冯纪忠先生开启了中国风景园林现代性的转变之门，我在其指导下走上了

40 年的"三转"之路，宇航在我指导下，以发表在《中国园林》的《大象无形·意在笔先——中国风景园林美学的哲学精神》一文为开端，奠定了本书的纲要，展开了系统的研究：从当代物质表象出发去解构当下，建构过去，以中国风景感受美学的哲学性来统领，从解构当下到建构过去再创造未来。宇航此书中一系列的研究探索，字里行间都向读者展现着师门三代人风景园林学术事业的传承接力。这尤其令我欣慰、备受鼓舞，相信师门未来卓有一番成就的弟子将不断涌现。

　　古往今来，成大业者均需依靠集体的智慧、众人的努力，学术研究也不例外，风景园林更是如此。需要代际之间的传承、代代之间的协同，宇航在同济学习研究的这些时日中，她始终浸润在同济大学和师门的学术环境中，师门中的互相成长与互相成就，良好的学术氛围和参与性极强的在地实践都对她今后的理论研究与落地性思考产生了深远影响。

　　最后，祝愿弟子宇航从本书出发，立足当下，前瞻未来，当她投身于广西家乡建设之时，将此书的精神思想内涵延续下去，不忘初心，砥砺前行。

2023 年 8 月于上海

前　言

　　本书聚焦于"风景园林感受美学"领域，属于风景园林学科体系中的基础研究。中国风景感受美学源远流长，然而随着中国的改革开放，中国与世界文化交流日益频繁，加之信息技术的时新日异，这二者对中国风景园林的哲学、审美、技术和工程等方方面面都产生了一系列影响。当今风景园林学界对中国风景感受美学的继承较少，叙述东西方差异的理论研究较多，从"求同"和寻找"共性"中以中国的风景园林为主线来寻找中西合璧的学者更是屈指可数。中国传统风景园林感受美学出现了断层和后继乏力的窘境，当前为数不多的相关论文也多以叙述东西方的"区别"为前提，而非"融合"与"共续"。随着社会的发展和科技的进步，人类改造自然的能力也在不断提高。一方面，传统风景感受美学的继承出现了"真空"与"断代"；另一方面，传统风景感受美学与当代西方的"共生""融合"又鲜少构建。中国风景感受美学的传统继承正面临空前的危机。人们必须在横向上寻找与西方价值体系的"叠合"与"共荣"，从而达到"共赢"，这才是中国传统风景感受美学在纵向上得到继承的必由之路。不能让有几千年发展历史的中国风景园林的脉络在受到西方思潮冲击后被重新定位，应真正实现"中国风景园林的就是世界风景园林的"的愿景！

　　笔者在国家自然科学基金项目《桂西南传统村落及建筑空间传承与更新研究》（51968001）的资助下，以风景园林三元论为指导思想，开展了对风景感受美学的现代性研究，并形成了本书的架构。第 1 部分为基础研究，提出问题，并分析相关理论、方法和实践等，包含两章内容。第 1 章纵向梳理中国传统风景感受美学的源头和脉络，借助三元论中的认识论，提出中国传统风景感受美学的哲学精神，并提取相关要素；第 2 章回顾了西方相关心理行为学及风景园林的文献和理论并提取相关要素。

　　第2部分是基础理论研究以及方法构建部分：第3章至第6章作为本书的核心内容，以"风景园林三元论"为框架，建构出中国风景园林整个发展历程的哲学精神。第3章至第5章表达了"物我—本我—超我"这三个层层递进的心物境界，体现了中国与西方"互为体用"的融合关系。第3章的"物我"提出了中国风景感受美学的哲学基础，即"体物察形"，对应了西方的直接感知理论，并论述了虽然二者"意识流"的来源不同，但二者在行为上都表达为"直觉行为"，并由此强化出直觉空间的概念。第4章为"本我"，着重提出了基于中国风景感受美学"由形入象"的哲学基础，并对应西方的心理行为，从而点明了二者融合即为意象空间，并总结意象空间的景观词汇。第5章为"超我"，着重提出中国风景感受美学"寻象求意"的哲学精神，对应西方的精神分析，提炼出二者基于行为的意境空间。第6章在前3章的基础上，提出目标层的构建，将三元论关于当今风景园林本源、风景园林哲学和审美统一的思想与"物我—本我—超我"的递进思想共同构建出基于中国风景感受美学的景观行为模式评价体系。第7章旨在建构出中西"互为体用"的中国当代风景园林的哲学精神评价体系。

　　第3部分为结论与展望。总结了本书研究的主要成果、创新点和存在的问题，提出了对未来中国风景园林感受美学的发展建议。

　　本书的创新点首先在于梳理了中国风景园林的哲学源起，并对传统风景园林的哲学阅读方式，即"审美连续体"进行了剖析。其次，对于风景感受美学的传统性与西方哲学理论进行了"共融""共性"的思考，并指出二者的"排他""排异"无益于中国传统风景园林感受美学的发展，探讨其"共赢"才是未来发展的趋势，随之将二者"共通"的属性从哲学和理论范畴一一解读。最后，借助二者的兼容并包，构建出基于中国风景感受美学的景观行为模式评价体系，二者的"分"在于思潮与内涵，二者的"合"则在于行为的表象，通过行为分析将二者外化出来的内涵放入空间这个物质载体，将使二者从内到外达到"共融"。

目　录

序

前言

• 001　**第 1 章　风景感受美学的理论背景**

1.1　风景感受美学的研究背景　　/　003

1.1.1　发展背景　　/　003

1.1.2　问题溯源　　/　004

1.1.3　出路探寻　　/　006

1.2　风景感受美学的内容、对象、范围及基本概念辨析　　/　006

1.2.1　研究的内容　　/　006

1.2.2　研究的对象　　/　006

1.2.3　研究的范围　　/　007

1.2.4　相关概念辨析　　/　008

1.3　风景感受美学的思想及相关理论　　/　010

1.3.1　核心思想　　/　010

1.3.2　相关哲学论点及理论　　/　011

1.3.3　发展趋势研究　　/　014

1.4　风景感受美学的意义与应用价值　　/　016

1.4.1　研究目的　　/　016

1.4.2　理论意义　　/　017

1.4.3　实践意义　　/　018

1.5　风景感受美学的方法论与框架　　/　018

1.5.1　学术构想与思路　　/　018

1.5.2　拟解决的关键问题与创新点　　/　018

　　　　1.5.3　研究框架　　/　019

• 021　第 2 章　风景感受美学的相关研究综述

2.1　环境认知的发展及趋势研究　　/　022

2.2　有关风景感受美学的研究　　/　023

　　　2.2.1　西方有关风景感受美学的研究　　/　023

　　　2.2.2　中国有关风景感受美学的研究　　/　029

　　　2.2.3　中西方美学思想比较　　/　041

2.3　有关景观行为的相关研究　　/　048

　　　2.3.1　景观行为理论的"五个思潮"　　/　050

　　　2.3.2　景观行为的发生机制及特性　　/　053

2.4　有关景观空间的研究　　/　057

2.5　有关风景感受美学评价与实践的研究　　/　060

　　　2.5.1　风景资源普查方法　　/　060

　　　2.5.2　使用状况评价　　/　060

　　　2.5.3　风景—美景度　　/　062

• 063　第 3 章　中国风景感受美学的"形而上"

3.1　中国风景园林哲学的有无　　/　064

3.2　造园者的自觉哲学意识　　/　066

3.3　大象无形与异质同构　　/　067

3.4　中西文化在空间营造中的互为体用　　/　068

3.5　中国风景园林的形而上　　/　069

3.6　审美连续体　　/　069

3.7　中国风景园林的哲学语义——言外之意　　/ 070

3.8　中国风景园林的哲学世俗化方法——"意在笔先"与"时空
　　　转换"　　/ 071

3.9　结语　　/ 073

• 075　第4章　体物察形：从物质空间到直觉审美

4.1　"体物察形"的直觉审美图式　　/ 076

　　4.1.1　物与形　　/ 077

　　4.1.2　体物而得神　　/ 078

　　4.1.3　物己之神　　/ 080

4.2　直接审美感受模式　　/ 081

　　4.2.1　体：直觉体验　　/ 082

　　4.2.2　察：直接感受　　/ 084

　　4.2.3　游物　　/ 084

4.3　直觉空间模型　　/ 085

　　4.3.1　空间形态的丰富度　　/ 086

　　4.3.2　空间光线的明暗度　　/ 090

　　4.3.3　色彩的变化　　/ 092

　　4.3.4　声音的丰富度与清晰度　　/ 092

　　4.3.5　味道的更替　　/ 093

　　4.3.6　要素的可触摸度　　/ 093

　　4.3.7　空间的转折度　　/ 094

4.4　结语　　/ 096

• 097　**第 5 章　言形见象：从审美行为到意象含蕴**

　　5.1　言形见象的心理审美图式　/　098

　　　　5.1.1　气与象　/　099

　　　　5.1.2　神会　/　100

　　　　5.1.3　移情　/　101

　　5.2　审美心理行为模式　/　103

　　　　5.2.1　"象—体—意"的审美知觉模式　/　103

　　　　5.2.2　"无意—有意—有意后"的情绪唤醒模式　/　104

　　　　5.2.3　立象　/　106

　　5.3　意象空间模型　/　109

　　　　5.3.1　空间的多中心　/　110

　　　　5.3.2　和谐的景观空间领域关系　/　114

　　　　5.3.3　多变的景观方向　/　116

　　　　5.3.4　有层次的距离感　/　120

　　　　5.3.5　多样的景观路径　/　124

• 129　**第 6 章　寻象求神：以物而畅神**

　　6.1　寻象求神的精神审美图式　/　130

　　　　6.1.1　心声心画　/　131

　　　　6.1.2　呈于心而见于物：境　/　132

　　　　6.1.3　动与静：情感状态　/　133

　　6.2　审美精神行为模式　/　135

　　　　6.2.1　神游　/　135

6.2.2　神思　　/　136

6.2.3　妙悟　　/　136

6.2.4　兴　　/　137

6.3　意境空间模型　　/　138

6.3.1　旷奥空间　　/　140

6.3.2　联想空间　　/　141

6.3.3　势空间　　/　143

• 145　第7章　人与自然：评价与实践体系的构建

7.1　天人合一的审美图式　　/　146

7.1.1　自天而物而人　　/　146

7.1.2　自人而物而天　　/　147

7.2　评价体系的三元架构　　/　147

7.2.1　目标层：真—善—美和象—体—意　　/　148

7.2.2　系统层：中西互为体用　　/　148

7.2.3　实施层：从诗书画里提取词汇指标　　/　151

7.3　评价标准构建与指标提取途径　　/　154

7.3.1　基于中国风景感受美学的评价标准　　/　155

7.3.2　基于景观感受的西方定量表达　　/　156

7.3.3　中西互为体用的评价体系："级—量"　　/　156

7.4　试验与实践方法的设计　　/　159

7.4.1　风景感受美学试验方法——"级"　　/　159

7.4.2　基于逻辑分析思维的心理试验的适用领域

及方法——"量"　　/　162

　　　　　　7.4.3　试验条件　　／　164

　　　　　　7.4.4　可操作性预测　　／　165

　　　7.5　结语　　／　165

• 167　**第8章　结论与展望**

• 170　**参考文献**

第 *1* 章

风景感受美学的理论背景

　　中国哲学为传统风景园林提供了泛文化基础，二者在意象上是异质同构、合二为一的，可谓之同象。在西方知识论的语境下，难以解读中国传统园林，但回到中国传统形而上的"道"去释义，传统园林却是可读的，这可谓之同意。当前，对中国风景园林在精神性、本土性上的反思使符合中国传统哲学的园林重返成为必须。

　　冯纪忠曾抄录郑板桥谈画竹的一段话："江馆清秋，晨起看竹，烟光日影露气，皆浮动于疏枝密叶之间。胸中勃勃，遂有画意，其实胸中之竹，并不是眼中之竹也。因而磨墨展纸、落笔倏作变相，手中之竹又不是胸中之竹也。总之，意在笔先者，定则也；趣在法外者，化机也。独画云乎哉。"他强调了意在笔先的"意"的存在。经由此"意"，冯先生认为通常大家说中国山水画不重写实而重写意的观点似乎有些偏颇。其实中国的山水画是既重神韵，又重肌理。没有体察入微、概括抽象，怎能建立如此精深的画论，山水画中大有值得发掘整理的价值，其可用来帮助指导风景开拓的工作。东方的整体思维认知和西方强调个体同一性认知有着互为体用、互为补充的逻辑关系，东西方文化互相补充，互相理解，互相沟通，并完成各自体系的重新建构。本书的初衷沿着这种形而上的角度去认识中国乃至东方风景园林中的当代价值和形而上的精神内涵，从而使其能更好地整合进入当代科学系统的逻辑分析体系中，进而被再认识。英国现代景观设计大师杰弗瑞·加里柯认为当代西方的景观设计过于注重物质空间和数据量化分析是不可取的，当前人们应多关注精神内涵和价值，认识中国传统风景园林中的哲学，将这哲学世俗化，便拥有了基于对中国传统文化价值理解的鉴赏力，从而逐步实现对传统价值观念的传承。

西方的景观起始于应用，也起始于艺术。中国当代的风景园林实践采用了西方的逻辑分析思维与表达方式，其科学分层，逐步论证，严谨有余，但传统语意却鲜有传承。传统景观语言在当代几乎没有表达，这是今天景观传统沿袭断层的表象，探究深层原因，是景观母语的失语，即哲学作为底层逻辑的丢失。哲学是意识形态，是传统思想的超道德价值，是古人追求的"道"，此"道"存于天地间，谓之"大象无形"。风景园林属于艺术范畴，"象"在习得过程中通过艺术被"俗化"了，存于艺术作品中的"象"使我们在阅读作品时，场景每每跃然于眼中：或无感情色彩的自然物象，或人与物一体的意象互动，或脱离物象的意境萌发……受"象"的影响，人们必然会意动，而这样的意动为后人的创作提供了路径，这便是"意在笔先"。本书通过对"大象无形"的哲学精神的构建与"意在笔先"的意识探索，希望能够回溯中国传统风景园林的哲学基础及由形入神的建构方式，从而可为当代中国的风景园林规划设计提供本土的、原生的和在地的思考。

风景感受美学的研究背景

1.1.1　发展背景

中国风景感受美学源远流长，但近几十年来，中国当代的理论、实践大多趋同于西方研究的理论与价值体系，基于中国本土的风景感受美学的继承却相对乏力。杨锐说："西方说得清楚但是确实是最有价值的吗？"他意识到西学的局限，在过去的几十年里，繁荣的西学研究并没有解决当代中国风景园林所有的价值问题。几十年过去了，现在应是一个反思的时期，即基于反思的中国传统风景感受美学应需要被再解读。冯纪忠先生说："西方现在只走到了（或也未必）'实'的整体认识，如环保，未认识虚的（精神）。东方看来离个体还不止一步，中如此，日又何尝不是？"冯先生在此表达了东方的整体思维认知和西方强调个体同一性认知是有区别的，进而强调了中方在对"同而不和"① 的认识上缺少了对西方的趋同，而西方也未必意识到中方的"和而不同"② 精神对风景园林的价值。冯先生在这里提出的"和而不同"和"同而不和"精神就是指风景感受美学的意识流，也就是风景园林的形而上的本质。近年来，主流研究一直蓬勃地向着西学渐进，从风景感受美学角度叙述东西方表象差异性的理论研究并不少，从风景感受美学角度去趋同西方的主流价值观的论作也并不匮乏，即从"同而不和"向西方的理性体系靠近且逐渐趋同了，但是"和而不同"的声音却渐行渐弱。本书便是基于这样的挑战来建构"和而不同"的中国传统风景园林的审美观念。

1.1.2　问题溯源

1. 在学科研究方面

基于上述风景感受美学面临的挑战，风景感受美学"和而不同"与"同而不和"是本质的形而上问题，即哲学精神（也就是随之形成的意识流）。怎样的哲学精神是能够被继承和传承的呢？几十年来，随着社会发展和科技的进步，人类改造自然的能力在不断地提高，但是中国传统风景感受美学的继承在这期间却出现了"真空"与"断代"，这既有历史的原因，也是科技发展的一种必然。今天，我们再去抽象哲学精神的时候，是否可直接回到未曾受到西方哲学思想冲击的百余年前？成中英指出："中国哲学可视为针对西方哲学提出的一帖解药和补药。"这里他有效地提出一种"进补"方式："你中有我，我中有你。"不管是在纵向上徘徊踯躅于中国传统时间向度的搜索，还是简单地用横向处理的手法从西方直接拿来，这两种单一的方式都不可取，传统的继承需要以一种新的批判思维被重新解读，但是当代传统风景感受美学与当代西方为主流价值评价的精神主旨怎样"角力"的相关研究又鲜少构建，中国风景感受美学的传统继承正面临空前的挑战。

2. 在认识论层面

怎样的形而上语境语义适于表述我们今天对风景感受美学意识流的批判继承？这是一个认识论层面的问题。曾经谈园林设计必须要有严谨全面的现状分析和旁征博引的构思来源，却始终不谈自我，在设计内外的那些不用言说的自我，已经属于某个向度的集体无意识。说者自如地运用固化于意识深处中的母语，听者也拥有同样的母语，对母语的解释成了多余，这套不用言说的母语成了形而上

---

① 曾奇峰在博士论文《象、体、意》中提出。
② 同上。

的哲学背景，大家能在这种无言的交流中获得共鸣。然而，随着西方重理性思维的广泛应用，过于"默契"的"不可言说"变成了一种阻碍，在全球化的当代背景下，我们需要更加可操作的程式化体系，相对抽象的独立评价系统更适合于本土文化价值的传播与交流，以及发扬与继承。冯纪忠指出："把中日园林具体比较一下，枯山水表现了作者的超前意识，力求把抽象的意向化为实体来展现预期的价值。通过的方法是把早先已经由整体分解而成的定型单因子依照选定的程式，组装成整体。追求的是天衣无缝，像自然，恰恰是在摆脱个人意志，从而推向凝固、惨淡、无生气。这正符合出世的顿悟的禅意。"由此可见，在重感性的传统价值取向日渐式微的情势下，中国传统继承的模糊性语义受到挑战，适宜的认识论语义又缺少根基。在西学没有解决一切问题的前提下，中国传统的模糊性传统价值体系又难以被阅读，那么若此时不谈论中国传统风景园林的审美哲学，探讨它的过去、现在和未来，中国的风景园林就有可能失语。

3. 在规划设计实践层面

在实践应用层面，基于物质层面本身进行形态设计的仍然占据市场主导地位，注重现状、尊重生态的物本思维占主导，人与自然的表层关系占主导，但对人与自然的诱发关系的研究却极为少见。规划设计虽然在概念中常出现"以人为本"的字眼，但实际操作过程中很多仅考虑生理的基本需求，并没有着眼于心理需求。对人与自然中承载的空间精神探究比关注景观的物质空间要少，因此也就无从关注心理－行为这一组精神空间的规律与需求，以及服务对象的行为特点与空间属性、结构、形态之间的关联；且设计者自身超脱于眼前设计本身的"内在力"也决定了实践层面水平的高低。

清华大学教授杨锐指出："我们不用纠结古今或者东西之争，因为这些都是一个概念。最重要的是在实践中，我们能够处理好每一块土地，面对此时此地还有这块土地上的使用者，做出最适切的反应。"设计师在地的思考是一种不纠结的思路，但是杨锐并不是指不作为，他提倡的是"无为"的不作为，是一种因地制宜地做。杨锐并不主张自上而下的有意识地"引领"，他主张基于中国传统风景感受美学形而上思想，以王阳明的心学为主旨来进行设计，即设计师首先努力升华自己的人格，这样在规划设计运用的层面，设计者自己提高自身修养，对人与自然的关系有所顿悟了，这种外化就自然而然了，设计就会自然带入这种个人修为的"不可说"。当然，杨锐提出的这种"不可说"是一种相对高级的境界，而在达到哲学的单纯性之前，必须通过哲学的复杂性。

1.1.3　出路探寻

图 1-1　两分的空间观与
三元的空间观

当前发展的背景使传统风景感受美学重新迎来反思的峰值，既不能一味于中国传统时间向度上进行探寻，也不能简单地从西方直接"拿来"。传统的继承需要被重新解读。基于冯纪忠、成中英和杨锐等学者的观念，刘滨谊教授指出："时间已是公元 2016 年了，继续叙述东西方的差异无济于事，顶多只能作为辅助，最终为当代风景园林服务的目标是求同、以寻找共性为主，在求同和寻找共性中以中国的风景园林为主线，因为几千年发展而成的脉络总比 300 年的脉络更为深厚！中国风景园林的就是世界风景园林的！"① 本书以刘滨谊教授提出的"风景园林三元论"作为认识论和方法论，基于当今风景园林本源、认识、方法和实践的风景园林哲学和审美，建构出与西方哲学思想"求同""共融""互通"的当代风景园林的感受美学精神和实践方法，基于上述观点构建出抽象两分空间观与三元空间观如图 1-1 所示。

1.2　风景感受美学的内容、对象、范围及基本概念辨析

1.2.1　研究的内容

本书切入点一方面是基于当代的西学价值并没有完全融入中国的在地思考，当下正处于需要重新梳理中国传统风景感受美学价值体系的时候；另一方面，本书的初衷并不是以东西方差异与区别为前提来谈表面化的"同构"，而是将二者的"融合"与"共续"作为研究的核心内容。

本书是沿着形而上的角度去认识中国乃至东方风景园林中的价值和形而上的思想，从而将其更好地整合进当代科学系统的逻辑分析体系中，进而被再认识。

1.2.2　研究的对象

本书的研究对象为中国风景园林形而上、中国风景感受美学和以西方逻辑分

---

① 刘滨谊教授与笔者讨论时所提到的。

析方法为代表的心理行为学。曾奇峰曾提到精神图示可以分为两个方面：其一，是内在的思维机制，它以视觉认知心理学为依据，以分类法为分析手段；其二，是外在的文化结构，它以整体的文化形态研究为指南，以情景逻辑为分析核心。本书的研究对象聚焦于后者的整体性意识，即中国风景园林感受美学的整体性。

本书对整体意识流的建构，一方面是基于中国传统风景园林感受的"元"，另一方面是从西方传承下来的、当代风景园林感受美学的"元"，这二"元"的结合成为本书探寻的中国未来风景园林感受美学的"第三元"。

中国风景园林感受美学区别于从纵向上直接继承西方的风景园林思想，这里的研究对象强调的是中国风景感受美学与西学相融合的过程和最后形成的新价值，即强调"中西合璧"的"融合"过程。中国风景园林在纵向上完成了"形、情、理、神、意"的自然过渡。这部分的继承是显而易见的，但是在与西学相融合的过程中缺少建构，因此，研究的对象是强调与西学的渐进融合的建构，而不是简单的继承。同时，西方在其风景园林构建的时间脉络上并没有遵循全过程的"由形达意"的精神图示（西方缺少"情、理、神"的表达），那么，西方是否也像中国一样，其风景园林与本土哲学存在同构关系呢？如果没有的话，类似的理论是什么？这时西方逻辑分析法内涵下的一些相关理论就成为本书所要研究的对象了。

（1）热点——杨锐提出，就公众印象而言，传统"风景"词义具有"虚"和"软"的特征。如何使风景园林学"虚实互补""软硬结合"，如何使项目"落地（与土地紧密结合）"，如何提高风景园林学中的科学和技术含量是风景园林理论层面需要进一步讨论和思考的内容。本书的研究对象是中国传统风景感受美学，通过西方的科学分析方法解读出其价值，并思考其当代现代性、科学性。

（2）焦点——刘滨谊指出，"风景园林"本质上是一门应用性学科，最终是要落到规划设计上的，如何准确平衡自然和文化（人）、科学和艺术、理性和感性、保护和利用之间的关系，是风景园林实践层面始终需要面对的问题。因此，本书通过研究中国传统风景感受美学的价值体系，进而聚焦园林实践层面，即运用现代景观行为学来诠释经典风景感受美学，并将由此建构的评价体系运用到景观设计中，风景感受最终的价值是要与规划设计应用相结合。

（3）重点——一直以来，如何提高风景园林学中的科学和技术含量是风景园林理论层面需要进一步讨论和思考的内容。本书的关键是通过心理实验的模型搭建和案例的调研等进行风景感受的量化，使其在科学性上得以实现。

1.2.3　研究的范围

纵观前人的研究与实践，我国风景感受美学鼻祖、唐代文学家柳宗元提出的风景旷奥无疑具有划时代的影响。在《永州龙兴寺东丘记》中，他将山水游赏感受与风景园林的空间联系起来，将这种空间的感受概括为旷与奥两大基本形式，如其游记所述："游之适，大率有二：旷如也，奥如也，如斯而已。"从而提出了风景旷奥概念的雏形。冯纪忠先生于 1979 年从组景和风景规划的角度，发掘出这一深藏的观念，首次提出以"旷奥对比"来组织风景空间序列的设想。之后在冯先生的指导下，刘滨谊进一步深入研究，将柳宗元和冯纪忠的旷奥概念发展进行了深化，作为风景园林空间感受的评价标准，开展了三个方面的研究：①风景园林感受的自然观；②风景园林感受的空间观；③风景园林感受的诗画园耦合观。本书的研究是以风景园林感受的自然观为主，以风景园林感受的诗画园耦合观为辅的相关领域基础研究的拓展延伸内容。以"感受—行为—空间"为线索，依托中国的风景园林感受美学为主线，结合西方的风景园林感受美学为辅线，从二者相融合的角度来寻找中国风景园林审美规律，并满足与这种审美规律相适应的行为空间的研究。

1.2.4　相关概念辨析

为了便于对后文的理解，下面将对形而上、超道德价值等展开论述。

1.　形而上

本书的形而上是基于中国哲学而展开的，所讨论的风景园林感受美学以形而上为基点，这是由于风景园林在中国的发源是与哲学同构的，而西方则不然。如心理行为就是相对西方的提法，东方风景园林的思想发源对应是东方的哲学，但在西方并没有此类同构的背景和基础，西方的风景园林来自艺术和其他方面。

2.　超道德价值

在探求风景园林的哲学溯源之前，首先需要回答哲学对于中国人的意义，在回答哲学对于中国人的意义之前有一个前提——人们为什么需要哲学？中国人的生活中不能缺少哲学，因为中国人的超道德价值是通过哲学来获得的。无论什么人，最后都要以追求超道德价值为目标，人的最高需求即是此，是人类先天的欲望之一。冯友兰曾提："对超乎现世的追求是人类先天的欲望之一，中国人并不是这条规律的例外。他们不大关心宗教，是因为他们极其关心哲学……他们在哲学里满足了他们对超乎现世的追求。他们也在哲学里表达了、欣赏了超道德价值，而按照哲学去生活，也就体验了这些超道德价值。"这也可以解释中西方对于宗教态度的差异。在西方，长久以来作为精神寄托的宗教一直非常重要，宗教对于中国人，远远没有西方人那么重要。如果我们明白宗教是一种超道德价值，那也就不难理解西方人是通过宗教来获得超道德价值的。那么中国人的超道德价值是通过哪个渠道获得的呢？是通过哲学来获得的，这解释了为什么宗教对于中国人，远远没有西方人那么重要。按照中国的传统，哲学不是一种职业，而是每个人生活的一部分，正如西方人都要进教堂。西方的超道德价值的追求通过宗教获得，而中国则是通过本土哲学儒家、道家和佛家学说来获得的。

3. 风景园林感受美学

美学的概念，无论西方还是东方，最后都归于哲学向度，西方柏拉图的美学思想与中国孔子的美学思想都建构于哲学，因此，本书的风景园林感受美学着眼于风景园林的"超道德价值"问题（超道德价值是哲学提法），追求超道德价值是不受时代限制的。在传统层面需要区分哲学背景的不同所带来的影响，如审美连续体与认识论的差异而引起的风景园林感受审美规律的不同，从而体现出"超道德价值"的不同，但在未来的中西融合向度上，新的"超道德价值"是无需区分东西方了。

4. 感受—行为—空间

本书尝试建立"感受—行为—空间"的逻辑关系。在感受层面，中国的"审美连续体"的"主客合一"的审美阅读方式决定了"物—情—意"的递进关系，对应西方的"生理—心理—精神"逻辑；在行为层面，审美模式中西合璧，表达为"直接审美模式—心理审美模式—间接审美模式"；在空间层面，根据感受与行为形成的递进关系，分别对应"风景直觉空间—风景知觉空间—风景意象空间"，见图 1-2。

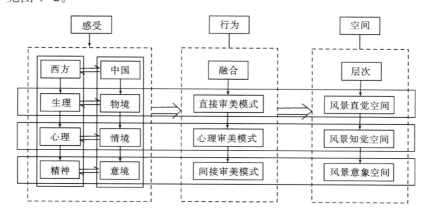

图 1-2 基于风景旷奥的"感受—行为—空间"架构

1.3 风景感受美学的思想及相关理论

1.3.1 核心思想

1. 基于三元论建构的中国风景园林的感受美学

本书以刘滨谊教授提出的"风景园林三元论"为认识论和方法论，基于当今风景园林本源、认识、方法和实践的风景园林哲学和审美，建构出与西学哲学中寻求"同构""共融""互通"的中国本土风景园林的哲学精神及其实践方法。其核心思想是中国的风景感受美学与其同构的哲学精神价值、与之同构的诗书画的意境，中国风景园林在当代与西方同构的价值是研究风景园林形而上的内容。

2. 中国风景园林的形而上

哲学多为统治阶级服务，到了宋代，形而上被系统地提出，并受统治阶级大力推崇。朱熹是宋代理学的代表人物，他指出："天地之间，有理有气。理也者，形而上之道也，生物之本也；气也者，形而下之器也，生物之具也。"① 这里明确地提出了，形而上是虚无的，形而下是具体的，但是形而上是根本，是道，是理，是气，形而下是将这样的根本进行外物化。形而上承担了内在的精神，而形而下是行动和体验。程朱学派表达万物有其"理"，如果这件事情做对了，那么就是与这个事物的"理"耦合了；如果这件事情没做好或者没做对，就是没有遵循这个"理"，"理"是超然于事物之外的存在。如果用程朱理学的观点来解释园林，即某个园林的最好方案（理）已经存在了，无论设计与否，它就在那里。王阳明和陆九渊是心学思想的代表，陆王学派主张景随心动，只有心动了，风景才成为风景，而园林也才成为园林，他们强调的是天地万物并没有超脱于心外，万物与心被看作是一个整体。陆王强调了"心动"，这与风景园林中我们追求的"意境"是高度吻合的，就此点而言，说传统风景园林更多承袭了陆王的思想也毫不为过，那么心学作为中国风景园林形而上的重要思想也就合乎道理了。

心学追求至高至纯至善的境界，即内在的高尚表现出来是正确的道。道即手段，心学同样描述了对于形而上与形而下的考量，但较之理学更明确地指出了内外要统一思想，即形而上与形而下要统一，哲学上称之为"知行合一"。金岳霖

---

① 引自《答黄道夫书》，见《朱文公文集》卷五十八。

秉承了这种想法，并有云："行动就是传记"。由此看来，"统一"是阅读以心学为基础的传统风景园林的重要思想，如苏东坡的《定风波》描绘如下场景：

> 料峭春风吹酒醒，微冷，山头斜照却相迎。
>
> 回首向来萧瑟处，归去，也无风雨也无晴。

这里的风景（春风、山头、斜阳和风雨）承担了词人内外统一思想的表达，词人遭贬谪，一度意志消沉，但是经过一番挣扎走出了内心的泥沼，于是将一切看得豁达了。风景承载了诗人内心想法的外物，这与心学的"知行合一"不谋而合。

1.3.2　相关哲学论点及理论

曾奇峰从环境营造规则的角度出发，指出西方需要明确地划分内外，使其认知清晰且固定，西方的营造规则更多地在追求同一性，他们主张在差异中把握世界这一"同而不和"的经验模型；与之相对，东方的环境规则强调了趋同、转换以及非恒定性的观念，我们强调共存，主张在联系中追求"和而不同"的经验模型。这就造成了中国风景园林的营造表象上是混沌的、模糊的，但其实是在追求一种内在的"和而不同"，也就是整体性的平衡。这也就不难理解刘易斯·芒福德提到西方营造规则的时候会说："他们掌握了繁殖城市的本领，要是他们同样掌握了联合这些城市的本领，那就更好了。"

同一性和整体性是哲学概念，是形而上的思维，从这个角度出发，或者说中西方文明的差异是同一性与整体性（统一性）的差别。从中国历史上看，整体性强于部分性，部分或个体并未完全从整体关系中抽象出来，这就导致非形式化、非严密性以及缺乏个性的问题；而西方的知性重分、重理，又往往知分不知合，不利于动态地、整体地把握事物全貌。此理在中国风景园林营造中同样适用。

1. 从哲学的角度出发的风景感受美学相关理论

上文是从文化的复合层面谈到了风景感受美学的文化基础，"精神—行为"是一组对位关系，那么感受美学落到行为上即为风景感受美学内涵的外在体现，其内涵的产生依托于风景感受美学源于怎样的哲学文化本体。因此，从哲学方面进行考量是必要的前提。

中国传统社会分为四个阶级：士、农、工、商。其中，商是社会地位最低的一个。士即士大夫阶级，通常就是地主；农是实际耕种土地的农民。在古代中国，士与农是两种光荣的职业。一个家庭若能"耕读传家"，那是值得自豪的。"士"虽然本身并不实际耕种土地，可是由于他们通常是地主，其命运也系于农业。所以士大夫阶级对宇宙的反应和对生活的看法，在本质上就是"农"的反应和看法，加上他们所受的教育，可以把"农"所感受到的情绪表达出来，而这种表达体现在中国的哲学、文学以及艺术的方方面面。

冯友兰先生基于哲学来讨论艺术，即用"耕读传家"来表达艺术和文学；俞孔坚的"土人"也用了这样的哲学来阐释他的理念，即基于传统中国哲学的"农与土地"的意识来阐述景观。

中国的艺术和诗歌具有独特的力量。儒家以艺术为道德教育的工具。道家虽没有讨论艺术的专著，但是他们对精神自由的赞美，对自然的理想化，使中国的艺术大师们受到深刻的启发。正因如此，中国的艺术大师们大都以自然为主题。中国画的杰作也大都展现了山水、花鸟等。一幅山水画里，在山脚下，或是在河岸边，总可以看到有个人坐在那里欣赏自然美，参天悟道。

同样，在中国诗歌里可以读到道家思想的超脱，如晋人陶潜写的《饮酒（其五）》：

结庐在人境，而无车马喧。
问君何能尔？心远地自偏。
采菊东篱下，悠然见南山。
山气日夕佳，飞鸟相与还。
此中有真意，欲辩已忘言。

道家的精髓就在这里，他们运用艺术来训练道德。而在当代，设计师们用方法和科学技术来做艺术。中国的哲学追求到底是什么？尚未有答案，但是，可见的是道家对艺术的影响深刻。对于自然的理想化，道家是解放的，不受拘束的，天然的，其更加亲近艺术，所以，我们解读中国园林内涵的时候应用一个建立在儒家思想基础上的道家思想（即土地上的"道"）来探寻会更为妥当。

2. 社会学角度的景观学

有学者认为，目前以社会学的方法研究景观或城市问题的主导学科，在昨天是建筑学，在今天是经济学，而明天一定是社会学。人们看待城市的角度在不断深化，最初人们把城市看作一个物质空间，然后将城市看作一个经济体系，再深入就会发现城市是一种复杂的社会系统。而景观则是社会、经济、政治关系在空间上的映射。空间的规划如同财政预算，本质上是一种决策制定的过程。所以景观设计师应当知识面广阔，其知识结构不应是上窄下宽的金字塔，而应是一张漫天迫地的大网。这张网的每一个网结，是若干社会科学和人文科学专业准确的知识，而其中大量的空白则需要在未来工作中有针对性地去学习补充。

3. 从传统人居学看风景观的一些思考

张薇在《〈园冶〉古典人类宜居环境理论探研》一文中提出：20 世纪 50 年代西方学者首先提出了现代人类宜居环境理论，然而在 390 多年前，《园冶》已经奠定了古典宜居环境的理论框架。《园冶》不仅是造园理论专著和重要的传统文化典籍，更是一部古典宜居环境理论的集大成之作。从这个新的视角来看，《园冶》的核心在于宜居环境理论，我国古典宜居环境理论源于风水学，《园冶》吸取其合理因素，摒弃迷信糟粕，提出了中国古典宜居环境理论的基本框架，即构建宜人的自然生态环境，创造和谐的社会生态环境，陶冶情操的精神生态环境，形成三者辩证统一的宜居生态系统链。

《园冶》投射出的古典宜居环境风景观的基本特征可以归纳为：

（1）构建的古典宜居环境理论是建立在非迷信色彩基础上的依托生态自然环境的模式。

（2）以"天人合一"的宇宙观作为古典宜居环境理论的灵魂。

（3）以中华优秀传统文化为内涵，体现了时代特征和价值理念。

（4）以形象思维方式展现宜居环境理论的科学性与艺术性的有机结合。

所谓科学性，即《园冶》展现了人与其赖以生存的生态环境之间的正确关系和发展方向，体现了人与自然关系的客观规律。同时，《园冶》中的古典宜居环境理论，是在扬弃中国风水学的基础上产生的，体现了唯物论精神，使古典宜居环境理论既体现了作者探索理论的勇气，也显示了《园冶》的人文艺术性。

4. 人类学角度

常青认为建筑作为制度、习俗、场景和身体感知对象的人类学属性，以及这种属性对建筑历史演进的影响。他以中国古典园林为例，强调了触感经验和场景体验对建筑设计和空间营造的重要性。他指出，斯宾格勒《西方的没落》一书中的历史观也与之有关，所有的文明都会终结，而后来者常会以伪形"寄居于逝去文明的遗骸中"。这可以有效地解释许多建筑史上的演变现象。中国古人所说的"礼失求诸野""古风在民间"等因而也都符合文化传播的基本理论。以此可以推断，中国风土建筑和早期古典建筑的某些基本特征（所谓文化基因）可能在民间风土环境、边远或少数民族地区，甚至在跨境外域地区有所保留或残存。

　　建筑人类学的概念出现于 20 世纪后半叶的西方建筑理论界，它既非建筑学流派，也非人类学分支。从实质上看，建筑人类学是一种强调在特定环境下，对建筑现象的习俗背景和文化意涵所进行的观察体验和分析的视角与方法，因而属于建筑学与人类学的交叉领域，二者之间形成了一系列特指的概念术语及其知识背景，下面将对五个概念进行解释。

　　（1）建筑学的主干是设计新建筑。现代建筑倡导创新人类学却青睐古今建筑中的不变或缓变因素，侧重探讨所谓的恒常。

　　（2）建筑学一般以空间形态看待建筑，而人类学则倾向于把建筑看作一种"制度形态"，人类学的观点是一种组织化的概念，注重行为轨迹的组织方式和控制规则。

　　（3）建筑学通常把建筑的用途称作功能，而人类学则把建筑空间作为制度控制下的"习俗"来看待。习俗即进入无意识的习惯行为，比如仪式也可看作行为作用下的人类造物。因而人类学认为建筑是超越功能的习俗范畴。

　　（4）建筑学偶尔将建筑称作"建成环境"，而人类学则把建筑看作场景，虽然场景也是广义环境的一种，但它更侧重人与人、人与环境互动的状态和情景。

　　（5）建筑学历来看重建筑的视感效果，而人类学则更关注对建筑本身触感的体验。在人类学看来，触感比视感更能真实地感知客体世界。

　　5. 文化地理学角度

　　冯友兰在《中国哲学简史》中提到海洋国与尚农国的文化地理是不一样的。由于海洋型国家通过海洋到达各个地方视野是不一样的，他们更喜欢新奇的事物、喜欢颠覆和挑战，接受新鲜事物的能力强一些；而根植于土地文化的内陆型国家，比如中国更为传统内敛。从孔子等人的言论中可看出，提到海的只有一句，即"浮于海上"，可见内陆型国家的人对新事物的接受相对保守，对于原创性的开发也并不那么热衷，由此才会产生"中庸"的文化情结。

1.3.3　发展趋势研究

1. 中国风景园林的形而上阅读方式及转译方法论——审美连续体

　　根据心学的基本原理，中国式审美的整体认知被称为"审美连续体"，而西方的认知体系中更强调区别主观和客观。西方哲学发展起了认识论，其核心是区分主体和客体（即强调区别主观和客观的问题）。在审美连续体中并没有这样的区别，在审美连续体中，认识者和被认识者是一个整体。所以西方谈空间，谈看与被看，都是基于认识论的前提；而中国传统园林的解读体系是审美连续体的解读，讲究的是人和环境是一个整体，是整体意境、意象和意蕴的解读。意识到这一点，中国传统风景园林哲学关系就应该从"审美连续体"的角度来认知，也就是认识者和被认识者是一个整体，故而"天人合一"也可以理解为用审美连续体来阅读中国风景园林的一个典型表述。

　　了解了西方认识体系下的哲学建构和中国审美连续体的阅读方式，可见前者的风景园林创作来自哲学的研究体系，关注的焦点在逻辑分析思维的建构上，而后者来自审美连续体视角下形而上的混沌阅读。基于这样的比较，不难看出，中国当代的实践实际上是一个更倾向于西方逻辑系统思维的过程，而承袭中国风景感受美学的传统价值的驱动性并不明显。这样的变化固然有历史的因素，但是回望当代风景园林实践，西方的逻辑思维就解决一切问题了吗？如果没有，我们进行了近几十年西学东渐的新风景园林建设，是不是可以从自己的传统中汲取发展的养分，或者说如何在当下运用西方的逻辑分析方法去转译传统的中国审美连续体？刘滨谊提出了适用于中国哲学的审美连续体的方法论，即用"三元论"的科学系统来诠释解析本土的、在地的、传统的审美连续体，这化解了西方本体论思维下运用二元论（即主客体）无法阅读中国审美连续体的尴尬。下文将联系并讨论逐步实现这样的哲学世俗化的过程。刘滨谊提出三元核心的理论支撑为："'背景'层面的支撑理论是景观生态学，'活动'层面的支撑理论是游憩行为心理学，'形态'层面的支撑理论是风景园林美学。"在这里，"三元论"为基于中国哲学的风景园林转译提供了方法论（图1-3）。

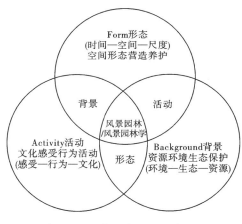

图1-3　风景园林三元论图示
（图片来源：刘滨谊《风景园林三元论》）

2. 中国风景园林的哲学世俗化方法——意在笔先

　　前文提到哲学的世俗化是可为的，中国园林的解读体系是审美连续体的解读，是对整体意境、意象、意蕴的解读。风景园林形而上的阅读基础是"意"，有了"意"，一切才成为可以被阅读的风景园林，那么这个广义的"意"是否可

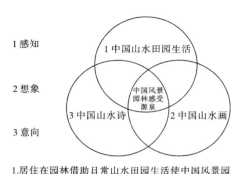

 1 感知

2 想象

3 意向

1.居住在园林借助日常山水田园生活使中国风景园林感受不断丰富
2.隐居山水园林借助山水画使中国风景园林的想象变得丰富多彩
3.意向山水园林借助山水诗使中国风景园林的意向千变万化

图 1-4　中国风景园林感受体验的
诗画园三位一体途径机制模式

（图片来源：刘滨谊《寻找中国的风景园林》）

以分解呢？它又存在于哪里呢？它是怎样被外物化的呢？我们了解了中国的古代哲学被广泛地融于古人的生产生活中，因为哲学与艺术的同构关系使得哲学凭借艺术的一切形式得以外物化，从而被表达出来，风景园林是艺术，这样的形式通过与其同构的诗书画被共同传承下来，实体的传统风景园林也许不可见了，但是流传下来的诗、文、书、画却将这样的风景园林记述下来，帮助风景园林成为在诗人、词人和画家笔下的理想国（图 1-4）。当然，诗书画的表达也与中国的哲学同构，即"言有尽而意无穷"。正因如此，"意"就是人们常说的文约义丰。唐宋以后的私家园林被惯喻为文人园林，英文表达为 Scholar's Retreat，也恰好表明了这种文人园林与哲学同构的关系。这些文人多为官僚，不仅参与风景的开发、环境的绿化和美化，而且参与营造。凭借他们对自然风景的深刻理解和对自然美的高度鉴赏来进行园林的经营，同时也把他们对人生哲理的体验、宦海浮沉的感怀融注于造园艺术之中……他们处在政治斗争的漩涡里无不心力交瘁，却又在园林的丘壑林泉中找到了精神的寄托和慰藉。

1.4　风景感受美学的意义与应用价值

1.4.1　研究目的

本书通过对"大象无形"与"意在笔先"的探索，希望能够回溯中国传统风景园林的哲学基础，进而将"体物察形""由形而象""寻象求神"的意境进行建构，从而可为当代的风景园林规划设计提供本土的、原生的和在地的思考。

（1）在分析中国各种传统的哲学、文化、社会学、人类学等理论体系的基础上归纳中国风景感受美学的审美基础，提炼中国传统风景审美的价值取向，并由此建立传统行为需求的价值体系。

（2）在分析当代景观文化的行为学基础上，从大众行为心理出发，提出当代景观行为的基本需求模式。

（3）将从传统风景感受美学基础上所建立的行为需求与当代景观行为图谱的需求有机结合，提出符合中国风景感受美学价值的行为范式。

（4）通过实例验证中国风景感受美学行为模式的可操作性，以及如何纳入总体规划层面的规划方法体系。

（5）建立衡量风景感受的量化模型和进行风景感受的量化试验。

西方的逻辑思维不能解决一切问题，意识到西学的局限后，应提出符合中国风景园林发展的出路，明确这个出路是在互为体用的思路上展开的，本书也是沿着这个思路进行研究的。西方重"术"和"道"的关系，于是就产生了先有"道"还是先有"术"的讨论，可能很多东西不是先有"道"然后指导"术"，而是很多时候是"术"的发展反过来促进了"道"。西方的争论在中国的哲学中早已有答案，王阳明在他的心学中提出"知行合一"的观点，知行合一即"知"和"行"互相促进，不存在先后。他将其寻找的"道"和"术"在自己的政治生活中进行实践，然后提出了"知行合一"。知行合一并不像西方思维，一个道理必须对应或指导一个实践，"道"和"术"是通过"知行合一"统一起来的。

本书的目的是希望阐明这二者互为体用的关系，将之整合成一个有效的可以指导实践的"知""行"标准体系。

1.4.2　理论意义

本书重新诠释了中国本土特色的风景园林美学价值在当代的适用性，并提供有针对性的理论和方法体系。

东西方互为体用，在相互理解和沟通中完成对各自体系的解构与重建，这才是走向 21 世纪新文明的正确道路。正是在这一重建过程中，东方的古老文明将具有获得再生的极大可能性。冯纪忠先生曾高瞻远瞩地指出："从这一点上可以看出，为什么西方现代主义理性时代发现了日本，而后现代时期必将或者说已经发现中国。"

风景园林本质上是一门应用性学科，如何准确平衡自然和文化（人）、科学和艺术、理性和感性、保护和利用之间的关系，是风景园林实践层面始终需要面对的课题。因此，本书通过研究中国传统风景感受美学的价值体系，进而聚焦园林实践层面，即运用现代景观的行为学来诠释经典风景感受美学，并将由此建构的评价体系运用到景观设计中，风景感受最终的价值与规划设计应用相结合，从而落到景观专业的核心中。

1.4.3 实践意义

本书从建立传统的风景感受美学的行为需求图谱出发，结合当代新视野下的大众行为需求模型，提供符合中国传统风景感受审美价值的行为范式，并从景观规划设计的角度出发，结合实际案例指导景观规划层面的建设与管理。面向亟待进一步突破的风景园林行业，本书可为本土的景观规划设计提供切实可行的理论和方法依据。一直以来，如何提高风景园林学中的科学和技术含量是风景园林理论层面上需要进一步讨论和思考的课题。本书通过心理试验的模型搭建和案例的调研等进行风景感受的量化，使研究更具有科学性与客观性。

1.5 风景感受美学的方法论与框架

1.5.1 学术构想与思路

本书聚焦于风景园林感受的哲学和美学领域，是一个跨学科、综合性的研究课题。因此，科学的程序以及研究方法至关重要，本书的整体研究贯穿了理论研究→思路研究→方法研究→实证研究的系统递进、逐层深入的程序及方法，将归纳、演绎和总结等融于整体过程，并将创新思路作为研究的全局引导，本书立足于现实背景分析，经历了系统的研究分析过程，提出结论与展望。

1.5.2 拟解决的关键问题与创新点

1. 拟解决的关键问题

（1）构建中国风景感受美学的当代哲学精神。

（2）基于中国风景感受美学（即与西方哲学价值相融的中国风景感受美学）的景观行为模式评价指标体系。

（3）基于景观行为评价体系的应用方法与程序。

2. 创新点

首先，梳理了中国风景园林的哲学源起，并对传统风景园林哲学的阅读方式，即"审美连续体"进行了剖析。其次，对风景感受美学的传统性与西方的哲学理论进行了"共融""共性"的思考，并指出二者的"排他""排异"不利于中国传统风景园林感受美学的发展，探讨"共赢"才是未来发展的趋势。最后，将东西方文化的"共通"属性置于哲学范畴、理论和实践层面上。

1.5.3　研究框架

　　中国风景感受美学研究框架见图 1-5。

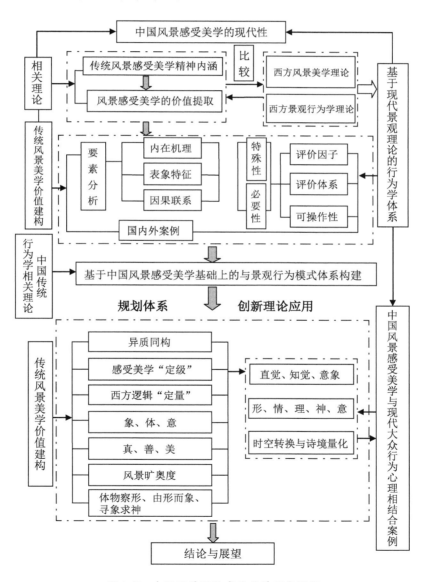

图 1-5　中国风景园林感受美学研究框架

第 **2** 章

风景感受美学的相关研究综述

中国讲究整体合一、情感认知和因果互换，重在情境的风景园林空间特质、行为特征以及感受途径何在？其如何与西方重在物境的概念细分、逻辑论证、因果互分的方式相契合？这样结合分析的结果对风景园林的"存在""意义""追求"有何帮助？下面将从这些角度来探讨中西方风景园林未来的发展方向。

中国传统审美感受是审美精神图式、审美心理图式和审美文化图式的统一体。精神图式是潜藏于个体潜意识之内的"意"，心理图式是个体意识层面的"象"，文化图式是环境层面的"气"。

2.1　环境认知的发展及趋势研究

关于环境认知的研究可追溯到 20 世纪三四十年代的环境心理学研究，其代表人物是勒温（K. Lewin）和布伦斯维克（E. Brunswik）。勒温的场理论是第一个考虑物质环境的心理学理论，他将其称之为心理生态学。布伦斯维克先研究环境知觉，后来聚焦于物质环境影响行为方式的研究，并在 1934 年开始使用环境心理学（Environmental Psychology）这一术语。勒温的两个学生，巴克

（R. Barker）和赖特（H. Wright）继续从事心理生态学（后改称为生态心理学）的工作。1947 年他们在美国的堪萨斯州领导了一个研究小组，专门研究行为环境（Behavior Setting）问题。巴克等是在环境心理学正式出现之前较系统地说明生态环境对人类行为产生影响的第一批学者。到 20 世纪 60 年代，环境心理学正式作为心理学的一个分支。

　　我国对环境心理学的研究起步较晚，但也不乏一些有意义的尝试。如林玉莲、胡正凡所著的《环境心理学》，常怀生所著的《建筑环境心理学》，曹杰所著的《行为科学》，这些都对心理现象与经验现象之间的关系进行了研究。但以"中学为体、西学为用"为轴，借助西方环境心理学去解读中国传统风景园林的研究仍比较少。

2.2　有关风景感受美学的研究

　　风景感受美学是关于作为主体的人从作为客体的景在感觉、心理与精神方面获得满足与愉悦的研究。

　　感受是以感觉为基础，由客观外界事物的影响而产生的一种心理活动，是一种感官感知（轻度体验）、精神愉悦（中度体验）和艺术升华（深度体验）的合体。风景感受（意境、意义）的形成是由有形的物质景观（物象、表象、生境和空间要素）与无形的场景（意象、情境与画境）所构成的场所提供的群体行为模式与个体行为之间形成耦合作用所产生的结果。个体在场所中直接体验（参与、感觉），并根据自己长期感性积累的经验和心理需求所形成的心理图式对景观要素进行选择→重构→行动，并赋予景观不同的意境。

　　刘滨谊认为，中国风景园林有三条基本感受途径：①中国的山水园林；②中国的山水画；③中国的山水诗。中国风景园林通过园、画、诗三位一体，将时间与空间更为有机地融合在一起，从而展现出独特的东方艺术魅力，并具有自身独特的"风景感受元素周期表"。

2.2.1　西方有关风景感受美学的研究

1. 基于景观环境感受理论研究

无论是古典园林还是近代园林，都贯穿着以视觉和知觉为基础的美学感知和体验等内容。早期研究基于美学及社会学方法，得出了众多影响深远的研究方法和定性理论成果，至今仍是景观学领域的重要理论依据。现代景观学之父老奥姆斯特德认为，景观设计的目标是突出景观体验，基于英国早期自然主义景观理论分析和人类心理学的基本原则，认为田园风格能够获得一种丰富、广博而神秘的效果，有利于人们的身心放松。

《欧洲风景公约》(The European Landscape Convention，ELC) 定义 "Landscape"：风景是一片被人们所感知的区域，该区域的特征是人与自然的活动或互动的结果。该公约明确强调了观察者与风景之间的感知关系，即所有感官的全面体验，其中视觉占主导地位，涵盖了感官感知的 87%。

视觉景观作为一门跨学科的研究。在国外，心理及行为科学家、生态学家、地理学家、森林科学专家、风景规划专家及专业资源管理人员等都对视觉景观有相关理论及实践的研究，而这些研究最早始于 20 世纪 60 年代，研究者将自己学科的研究思想和方法融入视觉景观研究中。20 世纪 70 年代，对景观感知的研究渐趋成熟。英国地理学者阿普顿（J. Appleton）提出了风景体验的"瞭望—庇护"理论，指出人在景观空间（风景/景观与生活环境）中有着特殊的心理感受，需要景观为其提供可供瞭望与庇护的双重功能保障，因而在风景体验中，人们总是倾向于将自己置身于一处有安全庇护背景的场所，并且确保自己有足够的视野去观察周围的世界。德克·德·琼治（Derk de Jonge）基于凯文·林奇关于城市意象的研究方法①，提出了颇有特色的边界效应理论，指出森林、海滩、树丛、林中空地等的边缘都是人们喜爱的逗留区域，在城市空间同样可以观察到这种对边界区域情有独钟的现象，E. T. 霍尔和 C. 亚历山大等阐述了边界效应产生的缘由及意义。扬·盖尔在对城市户外空间进行观察研究的基础上进一步提出了柔性边界等概念。这些理论均明确指出人类对活动场所的选择性，并且所选择的空间具有一些共同特征，表明空间特征与人类的活动场地选择之间有着密切关联。

20 世纪 80 年代相关理论成果主要有地理学者乌利齐（R. S. Ulrich）的"情感/唤起"反应理论和凯普兰夫妇（R. Kaplan，S. Kaplan）的风景审美模型。凯普兰夫妇是美国环境心理学、景观评价认知学派代表人物，他们将景观作为人的认识空间和生活空间来看待，偏重于从知觉的角度来理解空间，提出了景观认知的偏爱矩阵。偏爱矩阵不但反映了人的自我保护本能在其风景评价中的重要作用，还反映了人在自然环境中的主动求索。人们偏爱的景观环境因其内在的一致性而易于理解和识别，并且因其恰当的复杂性而使人产生探索的好奇心和动力。以乌利齐为首的心理物理学派理论则集美学思想和情感学说于一体，试图通过生理测试技术来测定人对景观的反应和评价，从而使景观给人的感受得以量化且更为客观[1][2]。朱柏（E. H. Zube）等对景观感知的理论、方法及其应用进行了综合研究[3]。中国的刘滨谊针对中国风景资源和社会文化的特点，提出景观时空存在的基本形式、概念框架、资源普查和感受评价等的应用，并提出用现代遥感技术对风景要素进行的科学研究，提出了景观系统化的概念和景观三元论等理论。在大部分的研究人员都着重于自然风景研究的同时，Buhyoff 等对城市绿地也做了风景评价方面的研究，他们将实地测量的各风景成分和定量，与公众的平均审美评判建立关系模型，用以确立城市绿地的景观质量。上述研究也使感知研究与环境评价逐步呈现量化趋势。

除视、知觉的影响外，听觉、嗅觉、触觉和动觉也能影响人们的感知，丹麦学者拉斯穆（S. E. Rasmussen）强调，不同的建筑反射能向人传达形式和材料的不同印象，促使人形成不同的体验。芦原义信也从外部空间细部设计的角度详尽分析了空间对于人的感知的影响，如质感与肌理等触觉的感受对人的心理影响，并在此经验基础上关联出的视觉反应。上述理论都共同反映了环境对生理（功能意义）和心理（审美）需求的影响，探寻人们在空间中的行为倾向及偏爱。换言之，环境中的组成要素可以通过有意义组织来影响人们对美的感受，激发更多良性行为从而带来积极性的效果。

对于环境的认知可以上升到精神意义层面，建成环境的意义被认为是环境与人互动关系的关键问题，在建成环境中充满了非言语表达方式所呈现出来的因地域、民族和文化圈而异的不同元素。吉卜森（J. Gibson）认为，环境知觉是环境刺激生态特性的直接产物，人感知到的是环境所提供的有意义的刺激，因而会产生先天本能反应；而布伦斯维克的概率知觉理论则更重视在真实环境中试验所得出的后天习得的反应，认为人在环境中对信息刺激的理解受到后天个人经验的影

①　Ulrich R S. Aesthetic and Affective Response to Natural Environment[J]. Human Behavior & Environment, 1983: 85-125.

②　Ulrich R S. Visual landscape preference: a model and application[J]. Man-Environment Systems, 1977, 7(5): 293-297.

③　Zube E H, Sell J L, Taylor J G. Landscape perception: Research, application and theory[J]. Landscape Planning, 1982, 9(82): 1-33.

响。林奇则指出，认知是城市生活的基础，城市景观中的肌理、路径、节点、边缘和标志物等元素使人们更易对城市产生认知，同时在潜移默化中对其产生归属感。研究证明，良好的物质空间环境会使人们的行为方式和精神状态更为积极和健康。

另外一些研究则表明，景观空间的组成元素对城市及居住于其中的居民具有特殊价值：若干研究就景观对生活质量的影响和对精神疾病的治疗与恢复作用提出了见解，以及人工景观环境对儿童健康成长的重要性。同时，在景观空间所服务的对象上，景观规划设计的理解不再限于某一群人的身心健康，而是为了人类这一物种的生存和延续，创造更为良好的生存生活空间环境。越来越多的学者指出，公共空间的研究与利用必须面向人们身边的日常生活与常规景观，使空间利用问题更贴近普通人群，便于多重空间尺度更好地发挥作用。Zube 等强调公园与人之间的内在关系和景观空间（如滨水景观等）的公共价值取向；凯普兰夫妇等也强调了日常景观的重要性，指出景观设计中应注意确定性与不确定性因素的平衡，创造令人偏爱的、接近日常生活的景观（"Everyday nature"）。这样的定位，使具有积极性的景观行为空间的研究及其实践显得尤为重要。

20 世纪 90 年代，一些学者提出"审美—生态冲突"，该理论源于 20 世纪 80 年代生态应用领域，已往风景美学的思想易对其他缺乏风景美特征却具有重要生态价值的区域产生偏见。戈比斯特（P. H. Gobster）于 20 世纪 90 年代初最先将生态美学应用于森林管理领域。然而，21 世纪初期，风景美评估方法的主要创建者丹尼尔等的一系列论文对生态审美观念和原则提出了异议。经过长期发展，2007 年在戈比斯特与丹尼尔等人合作的文章《共同的景观：美学与生态学的关系》中，阐明了该学术共识和未来的研究计划，将审美体验视为人与环境系统相联系的途径。国外视觉景观研究发展阶段具体见表 2-1。

表 2-1   国外视觉景观研究发展阶段

发展阶段	起源阶段	理论发展阶段	景观可视化技术飞速发展阶段	
经历时期	20 世纪 60 年代中期至 70 年代末	20 世纪 70 年代初至 70 年代末	20 世纪 80 年代初至 90 年代末	2000 年至今

（续表）

发展阶段	起源阶段	理论发展阶段	景观可视化技术飞速发展阶段	
主要内容	国家法规的颁布（美国《荒野保护法》《国家环境政策法》《海岸带管理法》《自然与景观河流法》等）	Appleton："瞭望—庇护"理论； 凯普兰夫妇：风景审美模型； Ulrich："情感/唤起"反应理论； Crofts：公众偏好模式与成分代用模式； Daniel 和 Vining：生态模式、形式美学模型、心理物理模式和心理与现象模式； VMS、SMS、VRM、LRM、VIA 等； 技术方面（透视手绘、照片和照片合成技术）	确立了四大学派（专家学派、心理物理学派、认知学派、经验学派）； 视觉景观评估的方法和原理进展不大，研究重点主要是风景视觉资源分类、景观评估中影响因子的研究； 视觉模拟的兴起（三维计算机图形、数字影像技术、数据可视化技术、基于 GIS 的景观可视化和模型）	研究重点转向了城郊和城市区域；虚拟现实技术、增强现实技术等

资料来源：根据唐真 2015 年发表的《视觉景观评估的研究进展》论文所改绘。

2. 西方风景感受美学质量评价

西方视觉景观评估的研究主要包括两方面：①风景影响评估：关注受保护的景观、景观特色对场所感和人们生活质量的贡献，以及景观变化可能会影响其组成部分的方式。②视觉影响评估：由于景观变化，关注个人或群体环境会受到怎样的影响视觉景观评估的跨学科研究。

从 20 世纪 60 年代开始，已出现基于景观审美价值的大量规划和实践了，如研究区域景观评估的伊恩·麦克哈格（I. L. McHarg）和菲力普·路易斯（P. H. Lewis）；研究森林景观评估的伯顿·利顿（R. B. Litton）和西尔维亚·克劳（S. Crowe）；在英国被广泛应用的景观特征评价体系（Landscape Character Assessment，LCA），英国学者费恩（K. D. Fines）与杰伊（L. S. Jay）以及各类部门的专家发展起来的风景分类系统和方法等属于对景观审美价值的探索与实践。

1969 年美国制定的《国家环境政策法》以及一些后续法案（如 1976 年的《国家森林管理法》），都要求类似的评估应在系统程序下进行，这推动了景观中的各种审美价值得以量化，主要评估体系包括视觉管理系统（Visual Management System，VMS）、视觉资源管理（Visual Resource Management，VRM）、风景资源管理（Landscape Resource Management，LRM）、联邦公路局的视觉污染评价（Visual Impact Assessment，VIA）等。此外，丹尼尔·伯莱茵（D. E. Berlyune）提出"最佳唤醒"理论，阿普顿（J. Appleton）提出"瞭望—庇护"理论。20 世纪 80 年代主要有乌利齐的"情感/唤起"反应理论、凯普兰夫妇的风景审美模型、丹尼尔（T. C. Daniel）和维宁（J. Vining）提出的景观视觉环境评价 5 种模式（生态模式、形式美学模式、心理物理模式、心理与现象模式）、克劳夫兹（R. S. Crofts）提出两种景观评价方法（公众偏好模式与成分代用模式）、朱柏（E. Zube）。

风景感受美学质量评价普遍被公认为四大学派：专家学派（Expert Paradigm）、心理物理学派（Psychophysical Paradigm）、认知学派（Cognitive Paradigm）和经验学派（Experiential Paradigm）。

专家学派认为风景的美学质量应以客观物体的形式美原则来衡量它，从形体、线条、色彩和质地着手分析，用多样性、奇特性、统一性等形式美原则来进行风景美学质量的等级划分。该学派最突出的优点是实用性；缺点是形式美原则与实际风景美学质量之间的联系缺乏严密的论证和精确的计算。

心理物理学派把风景与风景审美的关系理解为"刺激—反应"的关系，把心理物理学的信号检测方法应用到风景美学质量评价中来，如景色美预测法（Scientific Beauty Estimation procedures，SBE）和比较评判法（the Law of Comparative Judgement，LCJ）是该学派最具有代表性的方法。心理物理学派的优点是把风景审美态度的主观测试与风景构景客体元素的客观测定相结合，实现了用数学模型来评估和预测风景质量。

认知学派发展于 20 世纪 70 年代，其从人的生理与心理需要出发，把风景看作是物质空间与人的生活、与人的认知多维度结合的产物，力图以从物到心的整体复杂认知过程而不是简单地从具体的物质要素（如形、线、色、质）或风景构成要素（核心、领域、边界）去分析风景，讨论某种风景空间对人的生存进化意义并以此作为风景美学质量评价的依据。

经验学派强调人本身对风景美学质量时的绝对作用，它把风景审美完全看作人的个性、文化、历史背景及志向与情趣的表现。经验学派的研究方法是根据文学艺术家们关于风景审美的作品及其日记中得到关于某种价值的风景，并对此作出评价，该学派并不将风景本身作为研究对象。

LCA 是英国普遍适用和应用的理论及评价体系，其首先从宏观上识别了英国景观特征分区，中观层面提供了方法论，微观层面制定出标准和实操的具体措施。审美向度的考虑在 LCA 中被非常清晰地表达进要素的提取和识别中，最后的特征定性描述与定量描述相结合，LCA 的方法和理论被广泛应用于英国景观规划设计和研究中。

西方风景分析评价方法体系见表 2-2。

表 2-2　　　　　　　　　西方风景分析评价方法体系

四个方面的分析评估	视觉环境质量评估	风景景观资源评估	风景空间旷奥评估	风景时空感受评估
评估内容	景观视觉环境阈值、景观生态环境质量评估、景观视觉环境的景色质量评估和景观视觉环境敏感性 4 种评估方法	历史性、实用性、多样性、自然性、优美性	风景直觉空间、风景知觉空间和风景意向空间 3 个层面的空间分布	景、景域、景场、景秩4 个层次

资料来源：根据唐真在 2015 年发表的《视觉景观评估的研究进展》论文所改绘。

综上所述，可知西方在 20 世纪 80 年代后走向了以评估为主要手段的风景感受的研究，同时，在 20 世纪 90 年代后，风景感受逐渐走向了以量化技术为主的研究。中国在近几十年的研究与实践中也学习和跟进了西方这种以技术为主的研究：在技术层面，我们强调科学化的西方理性过程；但在价值观层面，西方以同一性为目标，东方以整体性为追求。我国的风景园林在西方"技术流"的研究基础上对东方"形而上"的继承缺少更系统的延续，曾奇峰曾经在 20 世纪 90 年代中期的博士论文中指出："一个融合了理性与诗性的价值体系才能具有跨世纪的生命力。"

2.2.2　中国有关风景感受美学的研究

1. 柳宗元的风景感受美学思想

唐代柳宗元关于多重空间尺度感受下风景旷奥的论述，使他成为"风景评价"理论的鼻祖，他在《邕州柳中丞作马退山茅亭记》中写道："夫美不自美，因人而彰。兰亭也，不遭右军，则清湍修竹，芜没于空山矣。是亭也，僻介闽岭，佳境罕到，不书所作，使盛迹郁湮，是贻林间之愧。故志之。"可见，风景感受美学宗师柳宗元的三大美学命题辩证性地阐述了风景感受美学的一些本质，较为系统地分析了人有意或无意的感受观。下面将对他的三大美学命题展开介绍。

1）美不自美，因人而彰

第一个命题是"美不自美，因人而彰"，"彰"的意思是发现，是唤醒，是显现，这个命题强调了审美主体（行为主体）的主观审美感受。审美活动是人类的一种精神感性活动，是一种人与世界沟通的体验活动。自然景物是客观存在的，不以人的意志为转移，但自然景物要成为审美对象，就要成为"美"，必须要有人的审美活动与体验参与来使它从景物变为景象。景物与人的互动关系的产生需要以下几个条件：首先，要彰显美得有喜好美的心理需要与动机，即"美在好之"，即使"上深山幽林，逾峭险，道狭不可穷也"①，也会"无远不到"地去寻找美景；其次，还要有"美在赏之"的修养，即要有一双善于欣赏的眼睛与心灵去发现客观存在的美景，即使是被他人定义为丑陋的，也要坚信万物之美的存在；再次，还要秉持"美在改之"的态度，柳宗元在山水诸记中始终认为凡具有美质者，大都须据其特质进行改造其美才能得以显露，只有"择恶而取美""蠲浊而流清""美恶异位"，美景才出；最后，还需要"美在扬之"的能力，即能以诗、文、画和书法等艺术形式将其流传。

2）心凝形释，与万化冥合

第二个命题是"心凝形释，与万化冥合"。这个命题交代了审美活动的心理状态，即"神合感"。从心理学的角度看，审美活动是一种感性活动。这种感性活动对不同的人和不同的环境，会有不同的特点，也可以分出不同的层次。中国古人讲的"比德"，就是感性审美的一种。西方美学家讲的"移情"，也是感性的一种。柳宗元讲的"心凝形释，与万化冥合"，又是感性的另一种特殊状态，即"物我交融""物我同一"，也是"我"与世界的沟通。但这里的"物"或"世界"，不是一个孤立的事物或一片有限的风景，而是整个宇宙。也就是说，在这种感性活动中，人感到自己和整个宇宙合为一体了，这就是所谓"与万化冥合"。这是一种高峰体验，是一种高层次的感性审美。

3）君子必有游息之物

第三个命题是"君子必有游息之物"，这是一个关于审美活动具备社会功能的命题。审美活动作为人类的一种精神活动，与人类的物质生产实践活动不同，它不具有直接的功利性。换句话说，审美活动与国计民生没有直接的联系。既然如此，就产生了一个理论问题：人类社会为什么还需要审美活动？有人因此就对审美活动持根本否定的态度，墨子就是一个代表。荀子批判了墨子，他认为墨子是被狭隘的实用观点所蒙蔽，因而不能理解审美活动的社会功能。他指出，音乐可以节制人的情感，使人的心情平和，从而导向社会关系、社会秩序的"和"，保证社会的稳定发展。柳宗元继承荀子的思想，并有了进一步的发展。

4）旷如与奥如

柳宗元对景观空间的营造看法有"旷如"与"奥如"之说，即开阔明朗的

---

① 摘自柳宗元《石涧记》。

"旷"地和幽深曲折的"奥"地。"旷如"独立于峻峭的崖壁之上，满眼苍翠，自然会产生一种开阔朗润的审美感受；"奥如"处于被茂盛树木覆盖遮掩的深谷和被杂草湮没的地方，身临其中必然会有一种深不可测的幽深之感。透过柳宗元的审美观可以看出中唐以后的文人雅士逐渐由追求雄奇宏大的豪气转向幽僻内敛的雅趣，促进了园林品评的发展，调整了人们对于自然环境和人造环境的审美趣味。而且柳宗元提出"旷如"和"奥如"相协调的审美观使有限的空间得以灵动

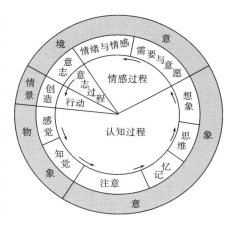

图 2-1　"象→体→意"的心理认知图式

而具有一种跌宕流畅的动态美，从而形成对立统一的两大景观特色。更重要的是，"旷如"与"奥如"在美感方面的辩证统一更适合中国人"阴阳和谐"的审美心理机制（图 2-1），可以激发出人们的审美情感和审美想象，使园林艺术发挥最大的审美作用，并由此形成了中国古典园林独特的景观空间结构。

柳宗元风景旷奥概念由"观游"和"旷奥"两部分组成，"旷奥"是对风景空间感受的观游评价。"观游"是获得风景空间感受的途径，观者，俯仰往还，心亦吐纳；游者，游心太玄，游目骋怀。以观为主导，贯穿游的全过程，强调观中之游，游中之观。"旷奥"：旷者，意为光明，开阔，疏朗；奥者，封闭，深邃；在知觉空间上表现为"敞""邃"，在意象空间上表现为"远""深"，"旷如"之说与郭熙的"三远论"（平远、深远、高远）某些观点不谋而合。"旷奥"是在"观游"基础上获得的富有节奏感的空间感受，是对山水空间的理性解读。

2. 冯纪忠风景感受美学思想

冯纪忠作为中国风景园林学科专业的先驱者之一，其所处的时代是东西方风景园林文化与实践冲突交流的重要时期，也是现代主义的转型时期，这样特殊的时期为冯先生的风景园林思想赋予了鲜明的时代特征与契机，他历尽一生追求探索，最终形成了鲜明的风景园林思想理论的原创性。冯先生在他的《组景刍议》《风景开拓议》《人与自然》等著作中提出了风景感受美学思想。1990 年冯先生的《人与自然：从比较园林史看建筑发展趋势》一文是中外建筑史、园林史上具有划时代意义的学术成果，此文点出的风景园林过去的历史发展脉络以及未来的发展，并为后人的继承和发展指明了方向。在此文中他从人与自然的角度出发，

将中国诗书画和园林一并分析，从诗书画的发展厘清了园林的"形—情—理—神—意"的风景园林感受发展脉络，比较了中国与日本和以英国为代表的西方风景园林源头在本质上的区别，并指出了未来的研究如何在"融合"上发扬的方向。而中国风景感受美学的脉络也从中得到了高度的概括。

1）形—情—理—神—意

冯先生将中国园林的设计哲学和价值取向划分出"形""情""理""神""意"五个阶段。冯先生从上古开始漫谈，论述了人与自然的关系，如超功利的欣赏、享受、审美是园林的内容，从孟子在文王时期提到的"与民偕乐"的"乐"字就能够看见端倪，园林发端于此。之后，春秋战国时期，园林经历了从寻仙到人常的逐渐世俗的过程，这个时期已经有了"一池三山"的象征、缩景、模拟之状，园林的"形"的格局初成，此阶段以再现自然和以满足统治阶级的占有欲作为对风景感受的表达。

到了南北朝，人们更进一步地认识自然，开始欣赏山水风景，并进入了与诗书画同构的时期。冯先生称之为山水园时期。谢灵运与陶渊明的归隐之风飘逸从容，带动"情"的风景园林感受，山水园发展了交融、移情，重在尊重自然并发掘自然美，此时仍是唯山水客体论的阶段。宗炳提出论山水的"畅神"说，是将山水园林镶嵌在自然中，这是一种自觉的、合乎逻辑的、符合审美的园林布局，所以说这个阶段出现了风景建筑。到了唐代，产生了柳宗元的风景感受美学，这是超前的，情与境交融的最高境界，在他的诗文中已经萌发。冯先生按照西学的术语称之为"主客体观照"，与中国传统文化中的"物我两忘"相对应，在还未达到情与境交融的忘我境界时，柳宗元的意识流却达到了后世"神"的境界。

在五代时期，荆浩画论提出的"六要"山水的"象"和"气"，标志着山水之"理"在此时已经有相当深度。风景园林在以自然为探索对象的基础上，师法自然、摹写情景，而这之后，以"势"为标志，客体山水之"理"的含义得以完备。这个时期的园林主要得益于绘画技法的精进，冯先生称之为画意园时期，此时期开始追求园林的手法，强调自然美和组织序列。

冯先生指出五代时期是处于理和神的关键断代，他认为直到北宋出现了王希孟的《千里江山图》，风景园林的"势"才开始出现，因为这幅山水画的"势"成为画理中的势，而不只是描述山作为客体的势，按照西方画派的理解就是画从写实派转到了印象派，只有画到了这样的深度，风景园林才具备了表现"势"的能力。而宋代的艮岳则较好地展现出了"势"，艮岳作为表现"势"的园林，将风景感受美学推向了新的高度，一种具有宋代独特美学的意识流。冯先生认为艮岳的出现是园林小中见大的典范。小中见大是中国哲学的一种"思辨"，到达事物的单纯性之前，首先要经过事物的复杂性，之后才会经历"删繁就简"的过程，中国传统园林从秦汉规模宏大的上林苑，到极尽奢靡的金谷园，再到一勺代水，一拳代山的宋代写意山林园，这就是"削尽冗繁"的过程。此时，风景感受美学的"神"成熟完成，谓之野趣园时期，反映自然，追求野趣，表现为掇山理水、点缀山河，思于其间。

冯先生论述的元明清是第五个时期，也就是"意"的时期，大的时代中的书、画、印合为一体了，"势"已经成为目的，成为自觉。在这个时期，"势"主要是用以抒发灵性，表现情趣，欣赏艺术美、自然美，是超越客体的自由意志之境。冯先生认为，在前三个时期中，设计哲学主要围绕着自然这个客体，当到了第四个时期才达到了主客体的统一，而到了第五个时期（重"意"时期）达到创造自然，以写胸中块垒、抒发性灵的层次，外化为解体重组，安排自然，人工和自然一体化。

冯先生的"形—情—理—神—意"具体见图 2-2。

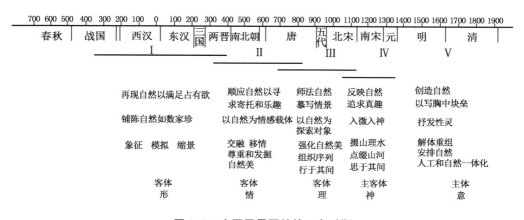

图 2-2　中国风景园林的五个时期
（图片来源：冯纪忠《人与自然：从比较园林史看建筑发展趋势》）

2）中国是世界园林之母

冯先生基于中国的"形—情—理—神—意"作为风景园林史分期的背景，将中国、日本和英国作出历史性比较，最终回答了中国园林在世界园林史上的地位问题，并评述"中国是世界园林之母"。冯先生言以重"意"为最高，日本、英国的园林都不及中国，中国的园林发展是循序渐进的，自然的"形—情—理—

神—意",就像老人脸上的皱纹,一条条刻着悲欢离合、喜怒哀乐的痕迹;日本的园林原本是外来的,他们的园林开始仅学"形",类似在脸上画花脸,后来习得了"理",遇到了禅,于是从"形"走到情理形神的交融;英国的园林发展很迟,约至 17 世纪末才开始,大致可分为三个时期,分别称为山水园、画意园、野趣园。

3)风景园林中西融合的发展趋势

冯先生提出的"形—情—理—神—意"具有划时代的意义,同时他进一步指出了中西方融合的方向,中国对于西方的"理"需跟进,按照西方的主客体应更科学化地进行研究。但西方的理性主义缺乏直觉整体把握事物的一面,也缺乏对自然的"情"。冯先生认为西方的"理"应从老庄哲学中进行挖掘并参悟禅理,那么西方的园林将会具有灵性,西方需要重"情",东方需要重"理",不难看出,冯先生的风景感受美学观是在中西交流中寻找融合与对话,寻找让古老的文化结构在西方逻辑思维盛行的今天具有更加有条理的表达法式。

冯先生在《人与自然》的最后提出了风景园林未来的发展方向:一是要对"理"深入分析,二是要紧紧把握"情"。因为"情"淡则"意"竭。本书的出发点就是沿着这条"情""意"的发展脉络继续研究中国风景感受美学。

4)《组景刍议》

冯先生在《组景刍议》一文中提出以旷奥作为衡量风景空间感受评价的标准,并以旷奥来组织风景空间序列的设想。他认为,组景设计就是把局部空间感受或者说把个别空间感受贯穿起来,凡欲其显的则引之导之,凡欲其隐的则避之蔽之,从而构成了从大自然中精选、剪裁、加工、点染出来的抑扬顿挫、富有节奏的风景空间序列。组景的目标是有意识地通过空间感受的变化取得一定的总感受量(即空间变化的复杂性),而总感受量来自节奏,主要在于旷与奥的结合,即在于空间的敞与邃的序列,又因每个人的性格、情绪、素养以及好恶的不同,对于同样一个精心设计的组景感受也不尽相同。在此基础上,冯先生进一步提出了以风景旷奥作为风景空间规划序列的设想。

《组景刍议》一文中提到转译空间感受的问题,冯先生指出,柳宗元认为风景分为旷与奥。他在《风景开拓议》一文中进一步指出,判定风景决定性的一点即空间的旷和奥,将旷或奥看作景域单元或景域子单元的基本特征,最主要的参考项应该是在一定条件下的空间截面指数,即总感受量落实到了旷和奥上,这就为空间感受的转译量化以及风景的开拓提供了较为明确的思路。

5)《风景开拓议》

从 20 世纪 60 年代中期开始，国外对风景管理在普查、分析、评价、管理等方面的工作已经应用了一套科学方法；而我国相对起步较晚，从 20 世纪 70 年代末开始对如何开辟风景进行研究。过去，欣赏园林大多停留在欣赏苏州园林等，相对来说较多偏重文学和历史的范畴。中国人口众多，改革开放后游客数量剧增，需要寻找新的风景区，仅依靠踏勘远远不够，而利用遥感可以绘制各种类型的图件，再利用这些图件去有意识选择。首先寻找那些有可能蕴藏着美景的风景资源，其基本的还是以风景旷奥为寻找原则。

在 20 世纪 80 年代，冯先生将现代风景园林保护与利用的思想应用在更大规模的风景开发上，主要是利用遥感开发风景，有助于在规划风景区时，明确到底哪些地方需要保护，哪些地方值得开发和怎么开发，这推动了整个国土空间范围的风景普查和开发。

刘滨谊认为，《组景刍议》和《风景开拓议》奠定了中国现代风景园林空间发展的理论雏形。

6）时空转换

冯先生认为，总感受量就是空间变化的复杂性，丰富性是空间变化幅度的大小，时空转换是时间跟空间变化幅度之间的关系。时空转换所创造的时空关系，使得空间的延伸性与时间的流动性得到了高度的统一。

西方艺术理论界认为诗是流动的、一维的时间艺术，因此表现时间是诗所独占的领域，而画是静止的二维平面上的空间艺术，所以绘画可以表现空间中并列的事物。不同于西方这一思维，冯先生认为中国艺术能把时间与空间二者有机地融合在一起，从而展现出独特的东方艺术魅力。宗白华认为中国诗画中所表现的空间意识是"俯仰自得"的中国人独有的宇宙感，是时间流逝而产生的整体空间情境、空间意象和空间变化，从中国的诗画中可以跨越时间的屏障而进入深邃的境界。

冯先生在解说方塔园中何陋轩的设计创意时，引用了李白《秋浦歌》中的"白发三千丈，缘愁似个长"。以发的长度来测量愁的时间长久，用这种绝妙的可以量化的时空转换意象来说明设计中的时空转换。冯先生以一种新的方式把东方的时空观和现代性进行结合，是对中国传统文化诗意时空的着力强调与显现，也就是时空转换的理论和实践，在空间中更加强化对时间的解读。艺术有历时性和共时性之分，历时性是指人在运动中体味空间的变化；另一种是人静止，让空间自己动起来，这个就是共时性。方塔园中的设计强调两种方式，何陋轩的空间设计兼具历时性和共时性。

3. 刘滨谊风景感受美学思想

在《组景刍议》一文中，冯先生提出以旷奥作为风景空间感受评价的标准，并以旷奥来组织风景空间序列的设想。在冯先生的风景旷奥思想的指导下，刘滨谊对风景旷奥理论及其评价进行了进一步研究。

1）风景景观工程体系化

20 世纪 80 年代末，刘滨谊在《风景景观工程体系化》中指出，风景的意向内容带有客观因素，风景的实在内容带有主观因素，风景感受始终含有这两类基本成分，而其中起控制作用的则是风景的意向内容。因此，风景分析评价理论研究的根本任务是在各种不同的实在感受和变动不定的意向感受中把握其中不变的本质，把握其中的本质元素及元素之间的关系，这就是风景的本质规律。刘滨谊又进一步提出了风景旷奥度的概念，并进行了旷奥度的立体分布体系构建和旷奥测度的量化研究。

刘滨谊就风景美感的评价提出四类倾向：第一类是地理学式的分类描述；第二类是风景园林诗情画意式的文学描述；第三类是前两类方法的结合；第四类是采用调查表格现场打分的评估。他又提出借助价值选取、系统化分析、景致美预测和风景遥感的理论与技术的评估方法，采用了专家学派与心理物理学派相结合的评估方法，建立了景象丰富度的 SBE 模型。

刘滨谊针对我国风景资源和社会文化的特点，提出风景景观时空存在的基本形式、概念框架、资源普查和感受评价等的应用，并提出现代遥感技术对风景要素进行的科学研究，提出了景观系统化的概念、景观三元论等景观理论，还提出了风景旷奥度评价的综合框架（图 2-3）。

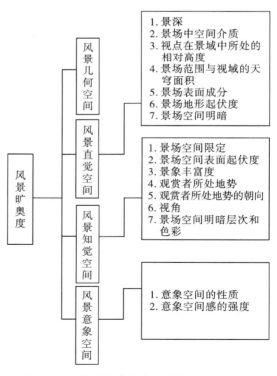

图 2-3 风景旷奥度评价体系框架（改绘）

2）诗画园一体

刘滨谊在冯先生的思想基础上继承发展了中国风景园林的感受美学的时空转化、诗书画园一体等思想，他继承延伸了风景感受美学的诗画园三位一体的耦合同构的机制模式，诗是书与言，画是形与象，园是意与境，三者通过人的"神与物游"，达成"器、气、形、象、神、道"的心物合一关系。中国古代的美学思想是多元的，如儒家、道家、佛家以及儒道释相融合玄学，它们各有其美学特征，但究其根源都是在讲心与物的关系，就是形式如何表达精神，主体如何把握形式的问题。心是由创作主体的"意"和欣赏主体的"义"组成，物是由作者的"情"和读者的"理"构成。刘滨谊在这个基础上继承并发展了三元论和诗境量化等相关研究。

3）三元论

中国当代的实践实际上是一个更多地走向西方逻辑系统思维的过程，而承袭中国风景感受美学的传统价值的驱动性并不强，在此背景下刘滨谊提出了基于中国哲学的审美连续体的认识论和方法论，即用"三元论"的科学系统来诠释本土的审美连续体。同时，刘滨谊提出传统西方园林的空间观与传统中国风景园林空间观并不相同，即价值观不同。西方注重环境科学的理性与东方注重人文精神的感性空间价值观如何在当下进行结合，刘滨谊提出了基于中国风景园林"三元论"的风景园林空间价值观，即以人类聚居环境学"背景"—"活动"—"建设"为研究框架：在人居"环境"和人居"建设"这两元之间，引入了人居"活动"的第三元，将人居活动概括为聚集、居住、生产的三位一体，旨在深入研究影响"环境"、左右"建设"的人的"活动"及其活动方式所产生的"价值观"如何引发破坏环境的建设问题。

4）风景园林空间层次

进一步来讲，西方认知学派研究的风景环境空间感受评价标准（源自现代西方心理学理论）与中国风景环境空间感受旷奥度（源自中国唐代柳宗元景分旷奥之说）是高度一致的。以柳宗元的旷奥度为基础，刘滨谊提出了中国风景旷奥空间评价的基本层次：风景空间的物境、情境、意境的感受过程，即是从生理到心理，从心理到精神；从精神到心理，从心理到生理，与生理、心理、精神感受相对应的风景空间，分别被称为风景直觉空间、风景知觉空间和风景意向空间。以风景课题构成的风景客体空间为基础，这三种风景空间感受及其之间的关联，是风景旷奥评价的三个基本层次。由此构建出作为中国风景园林哲学精神载体的空间，从而实现了中西方风景园林美学互为体用的可能。刘滨谊的研究表明，无论是中国还是西方，中国的旷奥度当中提到的很多空间，涉及了深层次的精神层面的内容，而西方的《空间·时间·建筑》中对于空间解读也有很多的精神因素，即全面而理想的空间观恰恰是二者互补的，并且是殊途同归的。

本书第4章—第6章以风景直觉空间、风景知觉空间和风景意象空间的三层次空间为构架展开的。

5）时空转换与诗境量化

在冯先生的研究基础上，刘滨谊继续发展了时空转换的内涵，将山水诗、山水画和山水园三位一体的审美连续体的耦合互动加以定义，并论述为引发人们风景园林感受的"时空转换"。这样的时空转换，将与哲学同构的诗、画、园识别出来，风景园林中的哲学得以被世俗化，再将这些世俗化后的哲学置入新的风景园林创作设计中，这些传统哲学情境就成功地通过"时空转换"而跃然于现实了，新的情境传承了传统风景园林哲学的情境，"时空转化"就完成了传统风景园林世俗化的过程。具体的中国风景园林规划设计的时空转换，简单来说就是把现实历史化，把空间时间化，反之亦然。在时空转换的基础上，刘滨谊进一步提出了"诗境量化"的理论。他指出，诗境量化是根据诗词的时空描述，再现风景园林视觉的时间和空间，是由诗词到风景园林视觉的时间与空间上的转换，目的是实现景观和感受上的时空跳跃，要让体现了时间和空间的风景园林的景观视觉感受量得以最大化与无限化，使时间和空间在景观转换的过程中被量化，使景观感受得以量化，从根本上丰富景观的承载内容，提升了景观的视觉感受质量。

以刘滨谊团队的实践为例，具体方法以诗词与景观之间的相互依存关系为基础，把诗词中意识化了的景观形象通过再现、借喻、解构以及重组等途径构建出的模型转换成景观视觉形象，实现景观时空上的穿越变化，对景观中体现的时间和空间进行量化分析，确定明确的风景园林规划设计内容和时空尺度尺寸，将古代历史上的诗词与现实的风景园林场景相结合，将传统文化融入现代风景园林规划设计当中，实现景观时空转换的多赢（图2-4）。

4. 中国山水诗—书—画中的风景感受美学

中国传统艺术是一个抒情诗化的艺术体系，诗、书、画、乐是这个艺术体系的主干。简单来说，中国造景、赏景可以互训为写景（言）、画景与听景（象）、悟景（意），是言—象—意自然统一的过程。因为山水诗、书、画的文化结构与园林是同构的过程，同样根植于古人的儒家、道家和佛家等哲学思想。在这样的

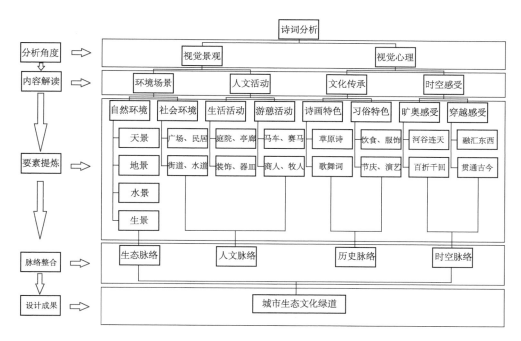

图 2-4　时空转换规划设计

同构中，山水诗、书、画就用最直观的方式承载了风景园林的感受美学。

　　赋、比、兴是中国古代艺术主要的三种表现手法，它们是根据《诗经》的创作经验总结出来的。《周礼·春官》里记载："教六诗：曰风，曰赋，曰比，曰兴，曰雅，曰颂。"至后《毛诗序》又将"六诗"称为"六义"。赋、比、兴是诗之所用，风、雅、颂是诗之成形，这"六义"成为中国传统审美感受的主要概念。

　　中国古代一直认为书画同源，书画皆"天地圣人之意"。当"言不尽意"的时候，就通过"立象以尽意"的抒情性造型艺术的书法和写意山水画来达到观者与读者之间的灵魂沟通。宋人邵雍在《无苦吟》中写道："行笔因调性，成诗为写心。诗扬心造化，笔发性园林。"可见诗书画三者是早期中国风景园林设计，尤其是文人园林的源泉与灵感，苏轼曾评王维诗有一种时空交融的美感，即"诗中有画、画中有诗"的意境，它揭示了人与环境深层次的且常常是神秘的关系。

　　中国的艺术理论通过法、式、款、规的探索，又有了意、趣、性、神之创新。自魏晋玄学盛行以来，人们由志而文，由心生化，对主体意识活动的生动性、流变性、主动性和多样性的不懈探索，构成了中国传统艺术中独特的"写意"传统。其中以南朝齐谢赫在《古画品录》中提出的"六法"最有代表性。六法为：一曰气韵生动；二曰骨法用笔；三曰应物象形；四曰随类赋彩；五曰经营位置；六曰传移模写。其中把"气韵生动"列为"六法"之首，可见对意的重视。清人郑绩谈画时将画品取韵分为简古、奇幻、韶秀、苍老、淋漓、雄厚、清逸、味外味等几类。

中国绘画思想，从临摹故事以存鉴戒，到增减形迹以求传神，再到驱遣物象以为心画。中国画的最高境界表现为"山水"，而"山水"则由唐朝王维开创了文人山水画的新生命。他无论是作画还是吟诗，多山林小景，自然平淡，从中传递出的诗意禅境实为空寂无声的静观之态，而其平远的构图，也最宜表达平和清疏的意境。宋人郭熙云："世之笃论，谓山水有可行者，有可望者，有可游者，有可居者。画凡至此，皆入妙品。"

5. 山水—诗—画—园的风景感受美学

中国山水景观需要通过人的风景感受而转换成为中国园林。刘滨谊认为中国风景园林的特征有三：中国风景园林集中展现了中国的自然山水，地域广阔多样的自然山水与人工造园紧密结合是中国风景园林的第一个特征；中国风景园林集中承载着中华多民族的文化艺术，丰富的文化艺术以及与其他各类艺术相通是中国风景园林的第二个特征；深厚大量的实践和理论积累是中国风景园林的第三个特征。

孔子提出"仁者乐山，智者乐水"，这种山水景观空间格局在园林里经常出现。山水园林感受是一种在景中的风景感受，这个"在景中"是一个宏观意义，是一种身心体验的"在景中"。中国古代就环境与人的关系有很深的认识，如"钟灵毓秀"指的是只有聚集了天地之间灵气的优美环境，才能孕育出优秀人才。《礼记》有云："仁近于乐，义近于礼""乐者为同，礼者为异"。显然，孔子倡导的礼乐关系被进一步明确为分与合的关系，而分其实又以合为目的，乐代表了精神的自由。

6. 中国造园理论与实践中的风景感受美学的研究

冯先生曾提取"理"作为中国风景园林感受美学中重要的特征，这个"理"指的是风景园林的实用主义。彭一刚的《中国古典园林分析》提出，我国古代的思维形式的特点是重感觉、重经验、重综合的。随着时代的进步，理应借助科学的认识论去整理和研究遗产。这里的"理"与冯先生的"理"同源，强调的是作为造园手法的科学实用性。

《园冶》是古代典籍中从综合视野诠释风景观的集大成者，"物情所逗，目寄心期""触情俱是"等语句体现了景与情的互寄。张薇通过对《园冶》的研究认为，传统的风景观或匠造技艺都必须以风景感受美学为基础，而风景感受美学的基础又是人文视野、哲学悟道、社会背景和人类生息的复合背景叠加而成的。

周维权在《中国古典园林史》中提出，园林是"第二自然"，其具有美的生境、美的画境和美的意境。

在景观空间里，自然要素随着季节、气候与生命的时间流逝而不断改变，这促使了人的空间感受也随之改变，同时景观感受也必然受到人自身在当时当下心理活动的影响。因此，人的景观感受是一个因变量与自变量融合的综合性概念。每个人的心理活动在不同的时空情境下都会有所不同，而且心理变化是过程性和不稳定的，这就决定了景观感受具有变化性和偶然性。虽然群体景观感受大体是一致的，但需要留出一定的模糊空间给个体进行适应和调整，这也是后续研究要加强的地方。

7. 其他相关研究

我国学者在环境知觉方面也做了大量以上述理论为基础的具体案例分析研究。如杨公侠等对建筑及其室内空间的行为心理研究、林玉莲等对风景区及高校校园的意象研究，也有学者进一步探讨户外环境的评价方法。另一些研究则针对城市公园绿地的使用进行分析，徐磊青等对城市广场、地下空间的认知与寻路问题进行了大量的实验与分析。

2.2.3 中西方美学思想比较

美学的根本问题在于哲学，作为中国和西方美学的奠基人，孔子和柏拉图的美学思想在中国和西方具有巨大而深远的影响，各自承载了中国与西方美学思想体系的缩影。朱东润说："其时之思想家，与后代以最大影响者，则有孔子。"英国当代哲学家波普尔则说："人们可以说西方的思想，或者是柏拉图的，或者是反柏拉图的，可是在任何时候都不是非柏拉图的。"

本书讨论的审美问题包括几层内容：中国的美学思想是以孔子的美学思想为主的审美"第一元"；西方的审美观以柏拉图的美学思想为"第二元"；在风景园林中，寻找"感受—行为—空间"体系中美学思想"第三元"的定位。

1. 孔子的美学思想体系

在中国古代美学思想发展形成的过程中，孔子在继承了中华民族古代美学思想的基础上进一步形成了自己的美学思想，并对中国美学思想体系的形成和发展作出了巨大贡献。孔子所处的春秋时期主要盛行南方楚地发展起来的阴阳学说、东方或北方殷人的五行思想，以及《周易》中的"中行"思想及伦理道德观念，这些思想的产生同各自的原始宗教有直接联系，并在战国后期逐渐融合为一。这个时期，美学思想并不是统一的，其中道家继承了阴阳学说的美学思想，儒家继承了中行的美学思想并吸收了五行说，阴阳、五行和中行的美学思想对后世影响最大也最为重要。到战国中后期至秦汉之际，三者才逐渐融合，形成了我国基本的美学思想体系，即以法自然的人与天调为基础，以"中和之美"为核心，以宗法制的伦理道德为特色的美学思想体系。

"阴阳"首先被老子提出作为构成世界的两个最基本要素。五行之说（水、火、木、金、土），最早见于《尚书·洪范》。阴阳美学与五行美学都认为，主观美的创造必须符合自然规律。作为一种宇宙观或世界观，阴阳说、五行说是原始的、质朴的。但从审美和艺术创作及艺术欣赏的角度来说，这种把整个宇宙看成是有生命的整体思维方式正是审美思维所需要的，可以说，华夏美学和艺术的灵魂与核心是在阴阳五行说所建立的物质运动与时空统一的宇宙一体思想影响下得以确立的。

"中声""中和之美"是我国美学思想中独有的概念，它们为孔子所继承和发展。孔子的中庸思想源自《周易》的"中行"思想。《周易》中提到的"中行"思想，历来有不同的解释。然而，参考《逸周书·武顺》的"人道尚中"及后来孔子所说的"不得中行而与之，必也狂狷乎"，可知中行显然系周文化处理"人道"的准则。古代很多美学思想的表达和音乐音律有关，晏婴把音乐的"和"看作道德上的"和"，认为二者是完全相通、密不可分的。因此，"中和"之乐第一次与人的道德伦理修养联系起来。

《周易·夬》中有"中行，无咎。"王弼注之曰："处中而行。"在孔子之后，《中庸》一书将"中"与"和"联系起来："中也者，天下之大本也；和也者，天下之达道也。致中和，天地位焉，万物育焉。"认为"中"是天下最根本的准则，是体；"和"是体之用。执行"中"的准则，则天地就位，万物繁荣，达到和谐稳定的境界。"中和"的概念被儒家继承，加以改造，并对我国后世的文化和美学思想产生了决定性的影响。

孔子美学思想理论体系的构建，是以"仁""礼"为基础。"仁"为其伦理学思想，孔子对"仁"做了三个层次的转化，通过三个层次的转化，最终形成了伦理与审美的通道，从而形成了以"仁"为基础的美学思想体系。第一层次的转化为"仁"的情感性内化，可理解为血亲之爱以及此爱推而广之成为"仁"，克己私欲，为社会作出贡献与牺牲；第二层次为"仁"的转化，是"己所不欲，勿施于人"的"仁"，强调的是社会性的仁，对个体欲望有所约束，经过这样的转化，去除了外在的强制性与约束性，而使社会与个体、理性与情感、伦理与心理实现了统一。第三层次为"仁"向"礼"的转化，仁是礼的内涵，礼是仁的形式；仁是礼的基础，礼是仁的上层建筑。孔子建立的儒家美学理论体系其首要问题是美与善的关系。孔子认为善的不一定是美的，美的也不一定是善的，他确定了审美的独立人格，这意味着审美在人们生活中已经具有了独立的地位，是美学理论自觉的开始。美是形式，善是内容。孔子的美与善，揭示了孔子对"文"与"质"的看法，"文"指外在的文饰，"质"指人内在的道德品质。"文质彬彬""尽善尽美"是孔子的审美理想，也是中华民族传承的审美理想。

孔子的美学理论体系是一个完整的体系，以"仁"及"礼"为基础，强调美与善、文与质的统一，其审美理想是中和之美，审美享受可以概括为"游"与"乐"。孔子的美学是以伦理学为基础的礼乐美学，其出发点和中心探讨了审美和艺术在社会生活中的作用。孔子认为，审美和艺术在人们为达到"仁"的精神境界而进行的主观修养中能起到一种特殊的作用，并且审美、艺术和社会的政治风俗有着重要的内在联系。

同时，孔子也建立了审美的批判性思维，在美学思想上，他提出的"中庸"之道被推广到文学艺术审美中，进而产生了"中和"的审美观，中庸之美在美学上就是中和之美，无论自然美、社会美、艺术美均如此。"知者乐水，仁者乐山。知者动，仁者静；知者乐，仁者寿。"这是孔子看待自然界事物的态度，他多是从伦理道德观念取譬于某种自然物，或者说以人的道德规范而以证直观的自然之物，从而说明审美主体在对自然进行审美观照时，具有某种选择性。自然美的比德并非源于孔子，但在孔子之前，人们对自然美的比德只是局限于具体景物的比德，主旨也不涉及自然美欣赏，而孔子将这种对待自然美的方式提升到了理论的高度。

孔子的美学思想被高度概括为"礼乐美学"，其礼乐观奠定了礼乐相亲、善美相成的基本美学原则。这一原则成为儒家美学的核心，全面而深刻地影响了中国长达数千年的古典美学，孔子美学标志着中国美学的觉醒。

　　2. 柏拉图的美学思想体系

　　西方古代的美学思想源于古希腊，其经历了从公元前 6 世纪以来的毕达哥拉斯学派、赫拉克利特、德谟克利特和苏格拉底到公元前 5 世纪至 4 世纪的柏拉图与亚里士多德时代。这期间，柏拉图以"理式论"作为核心的美学思想，其模仿说、回忆说、灵感论、效用说以及修辞学都以"理式论"为基础和统率，柏拉图的理式论是古希腊"和谐美"理论的深化发展，后通过柏拉图学园、新柏拉图主义和浪漫主义运动传承了其唯心主义美学思想。

　　毕达哥拉斯学派提出美是数的和谐，该学派是西方古典美学理论或整个西方美学理论历史的逻辑起点。赫拉克利特继承了毕达哥拉斯学派的观点，并提出对立面的斗争产生出和谐的概念，对立面的转化产生出尺度的概念，对立面的相对则产生出美的相对性。早期希腊美学往往只从形态上看待美，而德谟克利特主张从精神上、从人的内心世界理解美。苏格拉底提出的美学观认为：凡是善的东西就必然是美的，而恶的东西也一定是丑的。善指的是事物能很好地发挥其应有的功能，即适用于自身的功用目的，反之则称为恶。事物的美决定于有用有益的功能与价值，而美的定性又取决于它的善。

　　柏拉图美学包括几大重要观点。首先，他提出"美是难的"。他对美的本质的理解是不确切的、片面性的，他没有得出明确的结论，唯一的收获即美是难的。其次，他指出哲学的基础是理式论，柏拉图把世界分为三种：第一种是理式世界，它是先验的、第一性的、唯一真实的存在；第二种是现实世界，它是第二性的，是理式世界的摹本；第三种是艺术世界，它模仿现实世界。再者，柏拉图的灵感说指诵诗人和诗人都是诗歌的工具，一旦受到神的凭附，就是灵感来临之时，灵感是一种诗的迷狂，它的具体表现是神志不清、不可自制、兴高采烈、神飞色舞，使人的精神与诗中描绘的境界融为一体。

　　从柏拉图对灵感的理解和解释，可以认为柏拉图对文艺创作有独特的认识：第一，文艺创作是一种使作者寝食不安的、强烈的感情活动而非理性活动；第二，文艺创作会进入一种亲友财产俱忘的高度集中的精神状态；第三，文艺创作的成功能使作者达到一种乐而忘痛的"极甘美的乐境"。

　　柏拉图第一次在美学史上提出了"美本身"的概念，并将"美本身"与美的事物及美的本质区别开来。在美学史上，柏拉图是第一个明确提出文艺要以社会效用为标准，要为政治目的服务的哲学家。如果从政治标准看，一件文艺作品的影响恶劣，那么无论它的艺术性多高，对人的引诱力多大，即使它的作者是古今崇敬的荷马，也要去辩证地思考其艺术价值。

3. 孔子美学思想与柏拉图美学思想比较

柏拉图的审美是广义的审美，既涉及物质领域的美，又涉及精神领域的美。柏拉图的美学把"美"作为一个外在现实生活的独立世界，作为一个客观的认知对象来理性地分析和审视，是研究"美本身"的知识美学。而孔子的美学则并不去分析美的本质，他只是讲人应该怎样做才是美的。在孔子那里，美不是一个可以分析的知识对象，而是人日常生活中的一部分，这使孔子美学具有浓厚的现世情怀和生命意蕴。孔子美学思想的基础是仁学，而柏拉图的美学基础则是理式论。就美学的本质而言，孔子的美学是一种生命美学，而柏拉图的美学则是知识美学。

1）美学思想基础：孔子伦理学的"仁"与柏拉图的"理式论"

孔子美学思想的基础是孔子学说的核心——"仁"和"仁"的形式——"礼"，这是一种建立在伦理学基础上的理论体系，是一种以伦理学为核心的学说，其中"仁"是其美学最高的理想境界。孔子"仁"的基本含义是爱人，"夫仁者，己欲立而立人，己欲达而达人。""己所不欲，勿施于人。"均为孔子对"仁"的解释。孔子还把美和人的社会实践活动紧密联系起来，肯定了人的社会政治和伦理道德活动之中的美（如"里仁为美""君子成人之美"等）。孔子认为美与人生理想和道德要求是相统一的，"文质彬彬"中的"文"与"质"保持了美与真的内在统一。

古希腊的和谐美更重视形式的和谐。这一观念在西方是根深蒂固的，一直可以追溯到古希腊的毕达哥拉斯学派。这一派认为美在于比例和数，而人体也符合这种比例和数的关系。柏拉图也被看成是使西方美学走上形而上理性思辨之路的引领者，其美学思想由理性与感性两个维度发展而成。后世往往只关注到前者，而忽略了后者，西方的"本体论""认识论"深受柏拉图理性思想的影响并被继承下来。

相比而言，孔子的美学思想具有鲜明的感性实践和道德伦理特色，而柏拉图则具有浓厚的理性思辨和宗教神秘主义色彩。

2）美学根源："美善统一"与"美真统一"

以孔子为代表的中国儒家的"中和美"与以柏拉图为代表的古希腊的"和谐美"是先秦儒家哲人与古希腊先贤在各自不同的历史境遇中，针对自身所面临的问题而分别独立建构的美学话语体系。儒家"中和美"把外在的宇宙精神与内在的个体修养融合在一起，使外界宇宙的"和"根植于人类本性内部，从而把外在"美"的追求与内在"善"的设定统一起来，"文质彬彬""至善至美"是孔子美学的最高境界。古希腊先贤则从个性的独立发展、个体欲望的满足出发，把数学和形式逻辑作为和谐美学理论的基石，使审美与认识相结合，把古希腊的和谐美学同客观自然之"真"统一起来，形成了西方美学的科学理性传统。

3）审美对象："象、境"与"美是什么"

中国美学与西方美学各自有其体系和范畴。在中国古典美学中，处于审美本体地位的是"象""境"以及由它们构成的"意象""意境"和"境界"等，这些是中国的审美对象。与中国不同，古希腊的科学与哲学相结合，西方美学热衷于讨论"美"的问题。"美"是什么，美与丑是西方美学中审美本体论系统的基本范畴，如毕达哥拉斯侧重于从宇宙和谐中寻找美并将美归结为数，这实际上认为美是真；再如苏格拉底和柏拉图侧重于从"理想国"的利益中寻找美，而将美归结为善；亚里士多德则兼顾二者，西方美学沿袭了这个传统。在东方，中国古典美学的美丑问题并不那么重要，虽然大多数谈别的问题会有所涉及，但专门探讨美的文章较少，并且未构成历史传统。因此，在西方美学中，一般都会问什么是美或美在哪里，而中华民族的美学不会这样提问，也无须这样提问。西方古代的审美理想形成了偏于物的和谐、物神和谐的模式，不同于中国古代审美理想偏于人的和谐和人物和谐。

4. 以孔子与柏拉图为代表的中西美学思想体系对风景园林的影响

1）中西方美学之园林对自然美的理解

18世纪初到过中国的英国皇家宫廷建筑师钱伯斯（William Chambers）曾著文称赞中国园林："他们花园的完美之处，在于这些景致之多、之美和千变万化。""中国造园家不是花匠，而是画家和哲学家。"钱伯斯说我国造园家借大自然中收集最赏心悦目的景，将它们巧加安排，这些景不仅本身优美，更要使它们在一起组成一个赏心悦目的最动人的整体。钱伯斯从建筑艺术的角度已经看到中国园林不是建筑的附属品，而是画与思想情感的结合，是一个最动人的整体。那个时候的西方学者对中国风景园林尚且没有透彻的了解，这是由于东西方文化传统、思想方法和审美习惯的不同所造成的，因此也就看不到园林艺术的各种综合特性所具有的特殊意义。因此中西方美学思想关于自然美有不同的理解。

德国哲学家黑格尔对中国式自然风景园林持一种不理解的否定态度。他认为只有西方传统的规则式园林才是"把建筑形式变相地应用于现实自然，在花园里如同在房屋里一样，总是以人为主体"。以人为主体还是以自然为主体是中西方园林乃至其他艺术之所以具有完全不同形式的根源。根据前文提到的由于受古希腊哲学家认为美是比例和数，是理性的，所以西方设计出规则对称、符合几何形体比例的园林，甚至是富有生机的花草树木也被修剪成球形、卵形、锥形等，园林的轴线和范围要受到建筑形式和体量的制约。他们很少注意到园林、建筑等与大自然环境的融合，对自然美似乎缺乏一种鉴赏能力，很少有表现自然美的艺术作品。中国传统的风景园林与其恰恰不同，从一开始就同自然紧密地联系在一起，"天地有大美而不言""仁者乐山，智者乐水"等崇尚自然的思想被沿袭千年，成为封建士大夫和文人的精神寄托。他们认为天地是万物之本，钟灵毓秀，与自然相比，人是渺小的。有的竟将身体的肉形看作精神的羁绊，追求与自然山林景色同生共栖。到东晋南朝，社会的动荡和玄学清谈的勃兴，文人热衷于在风景优美之处高谈阔论，隐逸避世，也正反映了孔子美学思想强调的审美享受的"游"与"乐"。

2）中西方审美建构的逻辑

中国是依托礼乐审美构建"山水诗—山水画—山水园"三位一体的审美逻辑，而西方则依托理性思维构建的审美逻辑。在孔子的美学理论体系中，美学基础是"仁""礼"，强调美与善、文与质的统一，其审美理想是中和之美，其审美享受可以概括为"游"与"乐"。因此，山水画和田园诗作为文人士大夫怡情消遣的"游""乐"文艺形式渐渐发展起来。因此，古典园林艺术在其形成的那一天起就同山水画、风景诗有着密切的血缘关系。可以说，园林艺术的创作构思是画论里融糅了诗意，是以具体的山水画长卷组成的风景诗。漫步园中，廊引人随，峰回路转，眼前展现的是美丽的天然图画，可感受到空间和时间有机地融合在一起的活的艺术形象，是大自然美的缩影。莱辛受西方传统美学思想的影响，他亦认为风景花鸟画是第二等的，最高的艺术还是史诗和故事画。因此，史诗和故事画为后世构建的是"picturesque"的风景园林，并不是三位一体的诗—画—园。

3）中西方美学对风景园林"空间"的不同理解

中国古代艺术理论所指的空间常常是渺无边际的不可触及的"太玄"，这种空间概念使得我国园林在游览空间的组织处理上远比西方园林更灵活随意。我们古典园林艺术的"因借"理论，就是基于空间的引申和扩展。所谓"仰观宇宙之大，俯察品类之盛"即指：欣赏者要因时、因地攫取外在自然的一切美的信息。无论是登高望远，极目天际，还是倚栏小憩，槛前静观，凡视线所能触及的广远云霞星空，山峦林泉；或者近处的荷花游鱼，寸草片石，都能组入园林的游览空间中。有限的风景空间也能表现宏大的空间观念，"一拳则太华千寻，一勺则江湖万顷"表示以一勺水、一拳山就可以代替自然界中的山山水水。这样的处理，不仅丰富和扩大了游览者的空间感受，更使古典园林的空间能够随着欣赏的需要可收可敛，这样流动的、变化的、带有某种时间的因素，和西方恒定的、物质的空间概念是完全不同的。

西方艺术家对空间的认识直接源于数学、几何学等，近代西方哲学的创始人哲学家、数学家笛卡儿的"凡有广延空间的地方即必有实体""空间和物体实际上没有区别"等观点，使西方艺术家的空间概念是稳定的可触及的实在物质，是关系明确的量。莱辛在《拉奥孔》中讲的空间基本上是传统的、古典的，认为造型艺术只能表现在空间中并列而展开的事物，要完全抛开时间，这样的思维也限制了西方对时空综合艺术的进一步系统研究。

2.3 有关景观行为的相关研究

景观行为研究是西方景观科学分析方法之一，行为用东方的思维解释就是人之"用"。西方的景观重物，东方的景观重神，但不管是东方还是西方的景观，都离不开人。从某种意义上说，景观行为是比照、沟通东西方景观异同的媒介，是物理空间得以转换为直觉空间并转化为意象空间直至升华为意境空间的关键。

景观行为即"人类景观行为"，人类行为包括个体行为与群组行为，景观行为受景观心理图式的指导和瞬间反应来决定其发生或不发生。景观行为的构成要素包括：①行为主体，即由不同规模的群组与个体构成的行为主体，可根据年龄、文化背景、性格和身份等分类；②行为发生机制，即心理需求与景观感受，社会学家龙冠海将行为解释为态度的表现，社会学家汤姆斯（W. I. Thomas）指出任何价值均可引起人的行为趋势（心理态度），从中可知价值与态度之间的均衡是行为发生的动力；③行为发生地，即景观行为空间；④行为发生时间，即景观行为的时间顺序；⑤行为发生状态，即人是内向聚集还是外向离散，是静态、隐性的心理行为还是动态、显性的行为活动等，布鲁诺（F. J. Bruno）认为人类行为是有机体的作为和行动，可分为内在的、秘密的以及可观察到的行为。类似的行为根据环境作出的反应见图 2-5 和图 2-6。

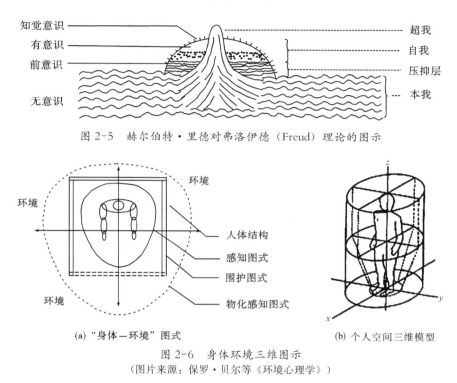

图 2-5　赫尔伯特·里德对弗洛伊德（Freud）理论的图示

(a)"身体—环境"图式　　　　　　　(b) 个人空间三维模型

图 2-6　身体环境三维图示
（图片来源：保罗·贝尔等《环境心理学》）

景观行为是人与物的行为关系，由景观引发的行为、行为建成或构成的景观和景观提升行为效能三个因子构成。由景观引发的行为，即人在景观空间中感觉到或体验到景色后产生的交往、审美和精神愉悦的行为，这种行为是可以被预期的；行为构成的景观，如扬·盖尔在《交往与空间》中所说的因"有活动而有活动"的行为景观构成；景观提升行为效能，即景观能有效地促进行为的发生。

景观行为发生在特定的景观空间中，展现了景观使用者内在需求和外在刺激的协调响应，可能表现为明显的动作行为，也可能是相对静态的情绪响应（心理行为）。为此，环境→行为←心理的研究为景观行为研究提供了新方向。

景观行为学是针对人在景观中的行为表现、对景观的影响和景观对人行为影响的研究。景观行为研究的基础核心理论分为两大部分：一是景观环境感知研究理论，主要包括环境知觉理论、环境认知与意象理论、环境的偏好与评价理论、景观体验的"瞭望—庇护"理论，以及柔性边界理论等；二是景观空间以及其他空间环境内的行为研究理论，包括行为唤醒与绩效理论、公共空间的活动特性研究理论等。刘滨谊认为，风景园林专业中科学技术占90%，艺术占10%，因此，风景感受美学必须借助相关科学技术与方法才能真正成为一门景观科学。

2.3.1 景观行为理论的"五个思潮"

1. 第一思潮：弗洛伊德的精神分析学

19世纪末弗洛伊德把人的活动看成是由人的深层次无意识决定的，并提出了个人无意识和集体无意识的概念。他构筑的心理认知层次模型是本我与超我的无意识系统→前意识系统→自我的意识系统。

1）潜（无）意识行为——低层次的本我

潜意识行为决定着人的基本生活。潜意识由两部分组成：一是处于深层的生物性潜意识，即出于人的原始本能，弗洛伊德认为艺术创作是性本能受压抑的升华；二是处于浅层的社会性潜意识，即荣格（C. G. Jung）提到的"集体无意识"，它对人的生物性潜意识起到压抑和纠正作用。

个体行为是生物性行为还是社会性行为，由生物性潜意识与社会性潜意识在平衡中的高低配比决定。本我是整个心理意识的基础，决定着另外两个心理的层次。

2）有意识行为——中间层次的自我

有意识行为指的是带着社会关系需要、活动需要、情绪需要和物质需要而展开的行为，其影响着人的社会生活。"有意识行为的形成是'由低而高'，即从心理的内层受先天的原始的生物学因素的影响；和'由高而低'，即从心理的高层受后天的社会因素的影响。二者的交互作用形成了个性的中间层——自我。"①自我处于本我和超我之间，它是在后天对社会适应的过程中习得的，依照弗洛伊德的观点，自我是现实取向的，对现实社会的适应成为自我实现的一大任务。

3）超意识行为——高层次的超我

超意识行为决定着人的精神生活，属于文化层面。超我是人的心理最高层次，受到信仰、理想、态度和价值观等道德取向的约束。

对于景观行为来说，只有平衡好这三个层次的关系，美景感受才能完美。当本我与超我发生冲突时，会造成偏差或不合理行为。本我太强，自我及超我不发生作用或不能控制，会产生偏差行为。这使得人的情感世界发展不平衡，使人的认同感、个性要求、情感的疏导发泄、回归自然的愿望与求异心理等在现实世界中未得到重视。在建筑领域，人们往往局限于功能，即生理空间，而对心理空间

---

① 摘自徐从淮的《行为空间论》。

注重不够，更谈不上满足人的潜意识、超意识所需要的空间。

2. 第二思潮：阿恩海姆的格式塔学派

该学派用"物理—生理—心理"异质同构论解释审美经验的形成。该理论认为，在外部事物、艺术式样、人的知觉组织活动以及内在情感之间，存在着根本的统一，即知觉结构的整体性。它们都是力的作用模式，而一旦这几个领域的力的作用模式达到结构上的一致时，就能激起审美经验。阿恩海姆认为，从表面上看，不同的自然事物有不同的形状和色彩，不同的艺术品有不同的形式，但最终还要归结于支配或创造它们的力的方向、强度所构成的"力的图式"，这种运用"力"作媒介对事物表现性的知觉，就是特殊的审美知觉。

该学派从视觉整体性方面对空间的图形形态（图 2-7）提出了一些原则，具体如下。

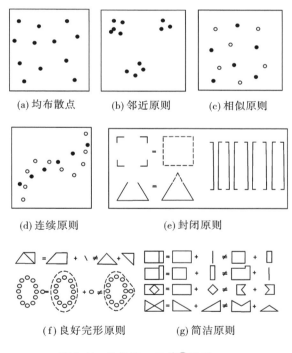

图 2-7　格式塔心理学①原则

---

①　格式塔心理学（gestalt psychology），又叫完形心理学，诞生于德国，是西方现代心理学的主要学派之一。主张研究直接经验（即意识）和行为，强调经验和行为的整体性，认为整体不等于并且大于部分之和，主张以整体的动力结构观来研究心理现象。

1）图底关系

在一定的场内，人总是有选择地感知一定的对象，而不是明显感知其中所有的对象，有些凸出成为图形，有些凹进成为背景。成为图形的主要条件包括：①小面积比大面积易成图形；②水平和垂直形态比斜向形态易成图形；③对称形态易成图形；④封闭形态比开放形态易成图形；⑤单个的凸出形态比凹入形态易成图形；⑥动的形态比静的易成图形；⑦整体性强的形态易成图形；⑧奇异的或与众不同的另类形态易成图形；⑨有意义的形态易成图形。

2）群化原则

当人进行自然观察时，知觉具有控制多个刺激，使它们成为有机整体的倾向。群化原则遵循邻近原理（即相互邻近的元素被感知为有内聚力的整体），相似原理（即彼此相似的元素易被感知为整体），连续原理（即按一定规则连续排列的同种元素被感知为整体）以及封闭原理（即一个倾向于完成而尚未闭合的图形易被看作是完整的图形）。

3）简化原则

感知对象的知觉组织所需要的信息越少，该对象被感知到的可能性就越大，其遵循良好的完形原理和简洁原理。

3. 第三思潮：华森的行为主义心理学

这一学派认为人的行为与动物行为一样，是浅层次的对外部刺激的直接反应，即"刺激—反应"或"环境—行为"。20 世纪 60 年代，贝里尼（Berlyne）假定审美经验为：由于艺术品中包含着某种被称为"强烈的刺激性变异"的东西，使人的兴奋度缓慢上升并随之而来的愉快，紧接着便是兴奋度的变弱，而这种"兴奋度的起伏性变动"正是产生愉快的一种机制，是一种审美经验的体现。行为主义心理学对景观行为的帮助在于强调了直接感觉行为的重要性，为景观行为研究提供了一个重要的研究方向。但是行为主义心理学过于关注影响行为的外部原因，如刺激物的复杂度、奇异性、要素的不均匀性等，而忽略了行为的内在需求和动机等心理机制的能动性。

4. 第四思潮：信息论心理美学

信息论认为，所谓行为就是外部世界向个体传递信息以及个体对信息的反应。这里所说的外部世界包括无生命、无意识的物质以及与其相似的别的个体。这样，人类活动便被分成两个不同的领域，一个领域是对外部世界的适应和征服，另一个领域是人与人之间的信息交流。信息是指通过消除某系统中的某些成分或增加某些成分而达到的该系统的组织化程度（或有序性程度），它能够减少不确定性，因而被假定能缓解紧张放松身心。信息论心理美学的优点在于当对艺术品结构和风格进行描述时，可以用某些实际运算的概念代替，艺术品便成为传递意义和信息的载体。

5. 第五思潮：马斯洛的人本主义心理学

该理论又被称为动机理论，重视行为需求和认知机制的研究，是对前几种思潮的理性辨析，其不回避使用深层次的心理学分析。它反对由刺激直接影响反应、由环境直接影响行为，也反对无意识行为决定论，它强调人的潜能与人的行为之间的互动关系，而不是单方面的因果关系，并建立了心理需求层次金字塔模型，即生理需要（食物和睡眠等）、安全需要（对秩序、安定、经济和职业的保证）和亲属关系及爱的需要（身体接触、情感、家庭关系与社会信息等）等基本需要，以及个人责任、意志自由、探求真理、美的创造和观赏等超越性需要。根据马斯洛的心理需求层次可以提出行为层次金字塔。生理需要生成使用行为，而人在使用过程中对物理空间的改造形成一种为人熟悉的景象并成为人记忆中的一部分，在长期的积淀过程中成为人审美心理图式的一种，因而景观从其产生就具有较强的实用价值与审美价值。

2.3.2　景观行为的发生机制及特性

1. 景观行为的发生机制

景观行为是由景观空间与心理需求双向影响而产生的。因此，景观行为发生机制可分为两种，一是源于人自身（个体）的某种心理、生理需要，促使心理紧张而引起动机并产生心理行为；二是源于外部物质空间（景物）与场景空间（组群引起的）契合后形成的景观空间（提示）所设定的预期行为。个体来到景观空间中去直接感受（参与体验、感官感知等行为），并根据知觉①经验和预期行为来调整自身的行为，景观行为便得以产生，从而获得对景观空间的认知。在这个过程中，第一种机制可以用心理图式来描述，第二种机制可以用行为模式来描述，二者的结合就产生了景观行为模式。

2. 景观行为的特性及相关理论

1）等级性

景观行为是分等级的，其源于人的心理需求与社会价值体系的相互适应后形

---

① 知觉是对事物的不同特征(形状、色彩、光线、空间、张力)等要素组成的完整性把握,甚至还包含对这一完整形象所具有的种种含义和情感表现性的把握。

成的等级序列。美国心理学家亚伯拉罕·马斯洛在《人本主义心理学》中将人类需求像金字塔一样从低到高分为五个等级：生理需求、安全需求、社交需求、尊重需求和自我实现需求。马林诺夫斯基①列出了人类七种基本需求：吃喝、繁衍、身体舒适、安全、运动、成长和健康，并进一步提出"派生的需要"，即文化的需要，派生需要就是求得慰藉、知识、舒适等的需要。罗伯特·阿德瑞认为人们有刺激、安全与身份识别三个重要的空间需求；弗洛伊德认为人的行为在心理上有三大层次：低层次的本我（潜意识层）；中间层次的自我（意识层）；高层次的超我（超意识层）。A. Rapoport 曾提到三种层次的意义划分：宇宙论、文化图式、世界观、哲学体系及信仰诸方面相关的高层次意义；与身份、地位、财富及权力等潜在的、非效用性的方面相关的中层次意义；与私密性、接近性、恰当性等日常相关的低层次意义。曾奇峰博士认为意义划分为文化的（跨文化的）、集体的（公共的）和个体的三个层次。

　　不同等级的心理需求要通过相应等级的行为来满足，而某一等级的行为在某种条件下会触发不同等级的心理需求并引发相应的行为。丹麦学者扬·盖尔把人的行为划分为必要性行为、自发性行为、社会性行为三个等级。由生理需求、安全需求引起的必要性行为在相应的条件下会触发更高层级的审美需求，从而引起自发性行为，而由审美需求引起的自发性行为则会固化这种必要性行为。在某种景观空间中，当这三种需求和行为能够被引起并达到动态平衡的时候，这样的空间被称为积极空间；而在其中没有引起行为也未满足人的任何需求的空间，或就算引起了某些行为却达不到平衡的空间则被称为消极空间。

　　2）塑造性

　　主体的景观行为是被客观存在的景观空间所塑造的，同时景观行为也能对景观空间进行主动改造，这种关系可以从个体与群组行为的辩证关系中得到厘清。从常规上看，群组行为（既存的景观空间）塑造了个体行为，个体在群组中习得后被塑造，从而产生常规行为。但从另一个角度看，个体不是被动的，当个体的非常规行为量变叠加达到一定程度后，会通过主动塑造引发群组行为的质变。因此，和谐的景观行为空间应该是由公共性的景观行为空间、个体性的景观行为空间以及过渡性的景观行为空间所组成的。

----

①　马林诺夫斯基(1884—1942 年)，英国社会人类学家，功能学派创始人之一。

3. 景观行为的相关理论

1）瞭望—庇护理论

20 世纪 70 年代，英国地理学者 J. Appleton 在《风景感受》一书中以宗教哲学的态度提出风景体验的"瞭望（prospect）—庇护（refuge）"理论。该理论通过将瞭望因子（光线明亮、视野广以及景深长）、危险因子（空间开放和缺乏保护）、庇护因子（光线暗淡、空间封闭、视野窄与景深短）三种符号及其空间模式之间的主导、强弱关系作为切入点，以高山视点（视野宽广而深远）、适高视点（景观极好）、低山视点（景观良好）和平地视点（景观价值高）四个观察点视角，来描绘自然风景的绘画与诗歌作品为案例，进行定性分析。他认为三种因子不是对立的，而是通过重叠、对比等策略形成互补关系，形成了平衡的风景。有学者认为，瞭望—庇护理论指出了人们总是倾向于将自己置身于一处有安全庇护背景的场所，并且确保自己有足够的视野去观察周围的世界这一现象，这和心理围护的圆形与人体结构的方形叠合成为了"人体安全图式"，这与中国传统风水理论中"靠山面水"的选址空间图式有相似之处。

2）环境知觉理论

景观行为是反思式的环境心理认知过程。美国环境心理学者凯普兰夫妇提出风景信息审美模型（Landscape-reference Model），据此风景可以被分为可解性（Making sense）和可参与性（Involvement）两个方面：①可解性即人类为自我保护而建立的风景认知能力，其在二维空间中表现为组织秩序性，在三维空间中表现为可识别性；②可参与性是承认空间的潜在可能性。可参与性在二维空间中是复杂的，即多样的、丰富的，这是对可解性风景的一个重要补充，风景的美学质量与复杂性通常呈抛物线关系，抛物线的最高点就是可解性和可参与性的最佳平衡点。可参与性在三维空间中是神秘的，由五大元素（障景、林中亮光、可及性、视距与空间围合性）决定，神秘性越高，风景美学质量就越高。他们还将景观作为人的认识空间和生活空间来看待，偏重于从知觉的角度来理解空间，提出了景观认知的"偏爱矩阵"。在偏爱矩阵中，不但反映了人的自我保护本能在风景评价中的重要作用，还反映了人在自然环境中的主动求索。

有关环境知觉理论还有强调景观视觉整体性的格式塔心理学，包含图底关系、群化原则、邻近原则、相似原则、连续原则、封闭原则和简化原则。

3）"情感—唤醒"反应模型

该模型强调人的初级情感反应在风景审美过程的重要性。这种触动反应表现为对眼前风景的"喜欢—不喜欢"或者"感兴趣—不感兴趣"的判断，并且直接导致的行为动机或行为反应是"趋就"或"回避"。初级情感反应还会使分析评价带有某种"倾向性"，所以自然风景所引起的初级情感将决定人们对风景的审美评判。

4）景观深邃体验

缪朴认为，只有"完全立足于对传统环境的直接体验上，在观察前不做任何假设并尽可能排除各种理论、概念对观察的干扰"，才能达到对传统空间本质的准确认知。景观行为是带着情感的环境体验，人通过现场体验后获得对空间的深度认知并采取适应环境的行为。派恩二世（Pine Ⅱ）和吉尔摩尔（Gilmore）依据人与周围事物的联系和参与程度把体验划分为四类，即审美体验、逃避体验、求知体验和互动体验。

现代景观学之父老奥姆斯塔德认为使景观体验具有深邃感是景观设计的主要目的，并认为自然田园能产生一种丰富、广博和神秘的效果，这样的深邃体验能使人的身心活动放松，这也和柳宗元的"奥如"之论有异曲同工之妙。

5）边界效应理论

由心理学家德克·德·琼治（Derk de Jonge）提出，指人们喜爱逗留在区域的边缘（如森林、海滩、树丛、林中空地等边缘区域），而区域开敞的中间地带是最后的选择。丹麦的扬·盖尔在《交往与空间》一书中提出"柔性边界"的概念。他主张在任何地方或者建筑物中，应建立室内和室外的模糊、柔性联系，并在建筑物前设置良好的休息场所，使人们有户外停留的地方。

6）文化景观的研究

"文化景观"的概念在19世纪下半叶由德国学者施吕特尔（Schlüter）提出，美国地理学家卡尔索尔（C. O. Sauer）于20世纪20年代继承并发展了该理论。1992年，"文化景观"的概念被世界遗产委员会首次应用，认为文化景观包含了大自然与人类活动相互作用过程中产生的极其丰富多样的内涵，它代表某个特定的明确划分的文化地理区域，其独特文化能够解释这一特定地域的基本情况，并对这片区域和当地居民产生影响。行为是心理的外在表现，文化是行为发生的深层次背景。研究不同文化的生活内容、空间行为，可从较深层面上创造心物结合的景观空间，才能更深层次地体会景观的美。

2.4 有关景观空间的研究

　　针对景观空间进行分析有如下原因：①空间是一个东西方共有的概念，是承载东西方人类心理和行为的环境共同体。老子言："埏埴以为器，当其无，有器之用。凿户牖以为室，当其无，有室之用。故有之以为利，无之以为用。"其中就解释了什么是"空间"。他认为空间是一个容纳物体、绝对存在的"器"，不管时间、环境等外部条件如何改变，"器"空间（有形空间）都是绝对、均质地存在于任何地方以接纳物体；而"气"空间是无形的，是中国传统的说法存在于天地之间的抽象空间。②从"作者—作品—读者"的"还原理解—体验解释—作品评价"审美过程来看，景观空间隶属于作品，同时也以直觉、意象和意境空间渗透于作者和读者的审美，这是一个"释义循环"的过程（即"体物察形—产生直接审美感受—进入直觉空间"的过程），可见景观空间是风景感受美学动态分析不可缺少的重要一环。③风景感受的评价和实践需要一个载体，对于中国传统风景园林来说，这个载体就是诗、画、园三者共有的风景园林感受空间。

　　西方现象学美学代表人物杜弗朗（Dufrenne）认为物的存在具有三方面的内涵，即作为感觉材料的感性存在、作为观念意义的观念性存在以及作为情感表达的情感存在，这三个存在被形式统一在一起。据此可知，物理空间只有在人的景观行为的参与下才能转换成为景观空间，即景观空间由自然和人工构成的物理空间、群组行为模式构成的行为空间，以及个体心理图式构成的心理空间共同参与才算完整，建构景观空间模型对研究景观行为模式有提供/支持的双向作用。

　　刘滨谊将所有面向人类生活的风景园林划分成 3 个层面，并用金字塔模型及圈层模型（图 2-8）进行描述：第一层作为基质且最为重要的底层是宏观尺度的景观或将第一圈理解为"环境生态元"，它提供了一个作为人类生存的环境与直接感知的场所景观，其中自然因素占

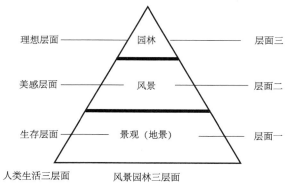

图 2-8　面向人类生活的风景园林的 3 个层面
（图片来源：刘滨谊《风景园林三元论》）

90%，人工因素占 10%；第二层是中观尺度的风景或可将第二圈认为是"感受活动元"，它满足了人的心理美感需求，其中自然略大于人工；顶层是微观尺度的园林或第三圈的"空间形态元"，它满足了人的精神生活，其中人工因素和自然因素各占 50%。完整的风景园林概念应当是"景观""风景""园林"的三位一体。他还认为山水园林的空间载体可以分为物理性存在的几何空间和以个体性与文化性结合而存在的直觉空间、知觉空间和意象空间。结合上面的风景园林划分，可知景观是几何空间和直觉空间的体现，风景是知觉空间的体现，园林是意象空间的体现，即意境空间，物理空间到底属于这四类空间的哪一类，完全依赖于四者孰先孰后，孰重孰轻的关系。刘滨谊在《风景景观概念框架》一文中提出，风景景观概念框架由景园意境、风情、景象、景色、园林境界、山水、风光和景致 8 个基本概念要素以立体形式构成。

刘滨谊在风景评价中提出了主观感受判断与风景客观描述相结合的主客观评价方法；对于风景旷奥感受的定性及定量分析，提出了群体主观判断的评价标准和主观因素客观近似表现的方法。为此，建立了风景旷奥评价模型——风景几何空间、风景直觉空间、风景知觉空间、风景意象空间的多层次风景信息准空间分布框架。通过实地考察及模型描述，经分析验证，首先筛选出了 11 个风景旷奥测度，用以反映人们对于风景在不同层次上的感受。这 11 个测度分别为：①景域及其天穹面积；②观赏者在景域中所处的相对位置和在景境中的相对高度；③视点所在地坡度因素；④视点和景境坡度朝向；⑤风景空间介质和视线收缩长度；⑥视角；⑦景域的图底关系；⑧几何空间的起伏度；⑨景象丰富度；⑩景域观赏时间与旷奥感受；⑪旷奥因素相关分析。

景观空间按自身属性可分为自然景观空间、文化景观空间和聚落与建筑景观空间三大景观空间；从空间尺度来看，景观可根据空间格局的不同，划分为宏观格局的总体聚落风貌、聚落格局的建筑群体景观、单体建筑立面和建筑细部景观4 种类型。要处理好建筑景观空间就需注重 4 种景观格局本身及其相互之间转换所产生的韵律感、和谐感和连续性的意蕴美。此外，还须具有时间痕迹、造型独特的新奇美。

景观空间按空间构成可分为景观空间要素、景观空间结构和景观空间形态三类。①从抽象构成上看，景观空间要素由核心、领域和边界这三个概念所构成。顾大庆认为空间的基本要素是点、线、面，点的基本意义是聚集，对周边元素具有吸引力，起着核心作用，如风景园林里的塔楼、祠堂、桥梁以及古树等公共空间；线的基本意义是分割，起着划分空间的边界作用，如溪流、沟渠、街道、里巷、墙垣、田埂和篱笆等；面的基本意义是占据，起着占据空间领域的作用，如建筑、农田、水面、草地与森林等。②景观空间结构是指两个或两个以上的景观要素在相同空间格局里的网格线性关系，或不同空间格局间的非线性关系，是人与环境、人与建筑、人与人之间意义关系的主要体现，通过方向、路径和距离三个主要特征所构成的一种关系框架。③景观空间形态是空间内部核心力量与外部核心力量相互牵制，达成动态平衡后的边界形状。聚落及建筑空间形态是由核心定义，受领域挤压并由边界勾勒出来的具有变化性的空间图示。形态可以被认为是人工空间和自然空间，以及人的活动轨迹与生活聚合状态的外在表现，见图 2-8。

美国生态学家理查德·福尔曼认为景观结构单元由"斑块—廊道—基质"组成，斑块—廊道—基质模型是景观生态学用来解释景观结构的基本模式，也是描述景观空间异质性的一个基本模式。刘滨谊根据场域视觉信息模拟，将风景景观划分为景（视觉环境）、景域（风景景观资源）、景场（风景区）以及景秩（风景游赏序列）。

行为空间是由个体行为空间与群组行为空间所构成的空间，是身体化的空间，具有非物质性和瞬时性的特点，属于文化景观空间。行为空间蕴含了文化美、社会美的景观特质，如风水民俗活动成为"文化景观"。当在物理景观空间里的生活被艺术化后就成为了文化景观。文化景观不仅具有视觉美感，还是一种复合了多种生活体验的文化景观，它是人们离开了高级艺术王国而走向普通实际的智慧领域的生活艺术。比如在田间堆叠起的稻草垛，为了晾干相互倚靠堆放起来的木材，乡民在举行仪式时做的动作、发出的声音等都是鲜活灵动的文化景观。中国台湾将农业生产与生活过程结合为文化创意，形成城市与风景园林共享的农业文创景观。

景观行为空间由景观行为模式激活物理空间的景观潜能而形成，它由物质空间（自然、聚落、建筑）所支持/提供，由人的心理需求、知觉经验所引导，由人记忆中的景观空间图式和意象所认知，由人的身体姿态所占据，由持续变化的行为和事件等时空所联系。拉普卜特认为物理空间是舞台，场景是布景，正是场景使空间得以意义化，通过空间提示来引导预期行为，使空间产生意义成为场所。场景空间通过环境设施、家具、人和事件得以显现，并让参与者轻易掌握空间的大小并产生移情作用。这里提到的场景就是中国传统文化中的情景，物质空间可以不变，但其中的情景会根据规则、人、时间的改变而改变，它会影响人对物质空间的使用和认知。人通过不同时段的行为活动赋予空间意义；反过来，空间又通过情景氛围来激活人的情感因子。可以说，情景是贯穿不同格局空间的主要线索。

2.5　有关风景感受美学评价与实践的研究

2.5.1　风景资源普查方法

刘滨谊认为国内风景美感的评价包括四类倾向：第一类是地理学式的分类描述；第二类是风景园林诗情画意式的文学描述；第三类是前两类方法的结合；第四类是采用调查表格现场打分的评估，其风景景观概念框架见图2-9。基于此，他提出借助价值选取、系统化分析、景致美预测和风景遥感的理论与技术的评估方法，并提出全面的风景美感评估至少要包括文化价值、财富价值、科学价值、环境价值和观赏价值五种价值，并采用了专家学派与心理物理学派相结合的评估方法，建立了景象丰富度的SBE模型。

2.5.2　使用状况评价

20世纪60年代，从环境心理学、社会学和心理学等多种人文社会学科中发展出了使用状况评价理论（Post-Occupancy Evaluation，POE）。在环境评价的理论方面，克莱克（K. H. Craik）的景观评价方法、甘特的目标场所评价理论和块面（Facet Approach）评价法、吉福德（R. Gifford）的居住满意度模型等研究均把场所（或景观空间）对实现使用者的行为

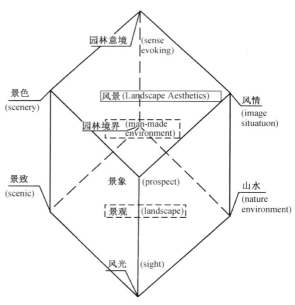

图2-9　风景景观概念框架
（图片来源：刘滨谊《风景园林三元论》）

目标作为评价的重要依据。20 世纪 80 年代后多元思想对环境评价的影响使其在理论上更多地受到相关学科的影响。系统论、信息论、计算机等新科学技术的发展使 POE 从定性描述转到精确的系统研究方向发展。在实际研究的过程中大量使用人文社科类的方法，例如弗里德曼等人提出了"结构—过程"评价理论。POE 方法要求必须制定与设计因素有关的评价标准，并对物质环境各组成元素进行客观的测定，同时对使用群体进行抽样调查，研究兴趣上趋向研究复杂性的评价体系，以及软、硬指标相结合的综合评价理论，并把评价环节正式纳入设计过程，成为设计前的关键步骤，其程序方法基本遵循"选定评价对象—制定评价目标—制定评价计划—收集资料与采集数据—分析数据—报告结果与提出建议"等六个过程。20 世纪 90 年代，此方法的理论和实践不断进步和发展，变得越来越综合化、普适化。

　　社会学、统计学等学科的方法也进一步融入规划与设计领域，各类调查分析方法的实践也逐步走向成熟，评价体系日益完善，研究的价值和意义也在设计反馈过程中得到体现，如英国的《景观特征评估》为英格兰和苏格兰的风景园林景观提供了相对完整的评价标准；美国景观基金会则从方法和实践等角度搭建了完整的"景观性能系列"的研究网络体系，为景观评价和实践提供了研究方法和实践成果的交流平台；在亚洲，此类研究和实践也由建筑领域逐步扩展到城乡规划及景观规划等设计领域，针对不同的评价、规划与设计目的进行综合性应用，日本在这方面的研究走在亚洲前列，章俊华、戴菲分别就规划设计的调查分析法及调查方法作了详细的介绍并在实例中进行运用。

　　在我国，随着环境心理学及环境行为学等学科的发展，POE 逐渐被应用。20 世纪 80 年代后期，我国开始引入国外相关理论，对自然风景评价进行系统性的阐述和量化研究分析。同时，针对城市户外空间环境的 POE 研究在近年来才逐渐得到关注，研究对象为城市公园绿地、城市广场和高校校园外部空间环境等。俞孔坚就评价测量、评价要素以及评价模型等方面对自然景观评价方法及评价体系搭建进行了探讨，对不同类型的人在景观审美方面反映出的特点及相互关系作了分析。这些研究和评价运用多学科的研究方法，以解决实际问题为取向，以案例研究为基础。通过相关检索，可以看出我国城市户外空间 POE 的研究数量较少，研究面较窄，研究层次较粗浅单一，在研究的内涵和外延认识上都存在着一定的局限，空间规划设计的对策基本停留在空间形态理论的定性应用方面，难以形成具体而有效的指导细则，因此研究与应用的广度与深度还处在初级阶段。

2.5.3　风景—美景度

风景四大学派中的心理物理学派把"风景—审美"看作是"刺激—反应"的关系，主张以群体的普遍审美趣味（环境偏爱）作为衡量风景质量的标准，通过心理物理学方法制定一个反映"风景—美景度"关系的量表，然后将这一量表同风景要素之间建立定量化的关系模型——风景美学质量估测模型。对人的审美感受的相互关系进行分类分级的建构：第一级感觉美，第二级意象美，第三级意境美。

"风景—美景度"的转换需要审美行为的发生，那什么是审美行为？审美就是人们欣赏美的自然、艺术品和其他人类产品时，会产生的一种愉快的心理体验，是人的情绪波动的过程。亚里士多德《伦理学》认为，审美具有种种不同的强烈度，即使它过于强烈，也不会使人感到厌烦。刘滨谊认为美是一种适宜舒适的感受、感觉、心情。

第 3 章

中国风景感受美学的"形而上"

随着西方重理性思维的广泛应用，重感性的传统价值取向日渐式微。如果前者解决了一切问题，也许就不会有今天的讨论，可惜至今仍没有。此时就不得不谈论中国传统风景园林的审美哲学，需要探讨它的过去、现在和未来，避免中国风景园林产生失语现象。

中国哲学为传统风景园林提供了泛文化基础，二者在意象上是异质同构、合而为一的。本书希望通过回溯中国传统风景园林中的哲学基础和由形入神的建构方式，为当代的风景园林规划设计提供本土的、原生的和在地的思考。

3.1 中国风景园林哲学的有无

中国人在哲学里表达了超道德价值，按照哲学生活，体验了这些超道德价值，那么中国风景园林中到底有无哲学？西方的学者敏锐地发现了中国园林中的哲学。Keswick 是西方较早介绍中国园林的学者，对于道家思想在园林中的表达，她指出，中国园林中的"道"的概念是由有目的的、模糊和不明确的对象所说明的，因为任何定义都会强加一些限制。"道"的象征是巨大的，有时它会以单独（的置石）来出现或类似于西方雕塑群一样的方式出现。……中国园林中的元素是非常强大的图像，它们不仅仅是"道"的符号，而且因为它们也是存在着的部分并受时间影响，它们实际上也是"道"的一部分。所以园中的假山置石被看成是道家思想里一种永生的概念。这里她体会到了道家和儒家"反者道之动"的思想在园林中的要义。老子《道德经》云：将欲歙之，必固张之；将欲弱之，必固强之；将欲废之，必固兴之；将欲夺之，必固与之。这最后的举动便是"无为"，即道法自然。Keswick 从局外人的角度看到了道家思想在中国园林中的构成。她更指出，道家教习园林构筑的方法类同于唤起和建议，而不是一个精确的公式。（Indeed，gardens are 'havens of inner strength'，where a man may harmonize with the inevitable passage of seasons，while the beauty of the physical world makes the struggles of everyday life seem less importanT.）园林中的"避世"思想表达了道家思想在园林中的应用。通过一个西方学者的视角来叙述传统园林中哲学的影响也许比我们自己说来得更加令人心悦诚服。

中国风景园林虽然源于寻仙问道，但其却得益于哲学，中国风景园林的哲学意义在于用实在、入世的世俗化空间满足了超道德价值的追求。以柳宗元的旷奥理论为基础，刘滨谊提出了中国风景旷奥空间评价的基本层次，以风景空间的物境、情境、意境的感受过程，与生理、心理、精神感受相对应的三个层次的风景空间，分别为风景直觉空间、风景知觉空间和风景意象空间。第一层次的风景园林直觉空间源于生活，趋于世俗的美是众多老百姓喜闻乐见的审美方式，也是审美境界的初级阶段。中国人对于世界的认知在这里形成一套表形的世俗审美图式，其获得了一般的快乐。第二层次的风景园林知觉空间是求"物"之美，这个"物"可以指自然景物，也可以是社会生活中的各种事物或作品中描绘的各种境象，总之是指一切与审美主体相对应的审美客体。这一层次是求"心理"之善。这个途径分为两个主要环节，一是审美知觉以及由这种知觉活动引起的情感愉悦；二是审美的特殊认识（情感、想象和理解等共同展开）以及由这种认识产生的理性满足。中国人对于世界的认知在这里形成一套情感交融的表象审美图式。第三层次的风景意象空间是求"精神"之真。"真"指回到物之真，人之真，就是自然地发挥其本性，自然而然达到道家"无为"的境界。中国人对于世界的认知在这里形成一套表意的艺术审美图式。它是审美经验的第三个阶段，即效果延续阶段，包括审美判断以及由这种判断产生的更高的审美欲望（需要），更高雅的审美趣味和更丰富的情感生活。

第三层次的风景园林意象空间可被称为中国风景园林追求的超道德价值。笔者考察西方的风景园林，发现西方的风景园林有娱乐、有趣味、有心理，但是西方园林精神层面在"求神""取意""象外之象"并无涉猎，简言之即西方尚停留在第一、第二层次，而中国风景园林已经到达第三层次了。

3.2 造园者的自觉哲学意识

　　既然哲学是中国人获得超道德价值的途径，如果按照哲学去生活，那么哲学和园林的关系也就能得以确立。古时，儿童识字从《三字经》开始，开卷由"人之初，性本善"展开，这便是孟子性善论哲学思想之一。由此，中国传统文化的教育始于哲学，并贯穿古人终生，知识分子终生在思考哲学，这也就不难解释哲学是如何自然过渡到知识分子成年后所有的创作活动，而园林便是这样的一种创作活动。中唐以后的中国私家园林被惯喻为"文人园林"，明确表达了一种园林与文人与哲学的关系。拙政园的设计者文徵明亦是诗书画皆为上品的文人，其为明代江南四大才子之一，因此，拙政园的设计手稿既是画作也是诗境的表达。与中国不同，西方造园活动多数源于纯环境科学和绘画艺术领域，如英国风景园林的发展深受园艺技术和绘画的影响，哲学并没有像中国那样先天地存在于传统生活的方方面面，他们通过去教堂礼拜，使其超道德价值得到了满足。所以，在认知层面，处于中西浅层文化交流的时候，传统的可见的中国园林是可以被描述的，深层文化交流的逻辑如果没有中国传统的哲学背景便会使人意识模糊且难以琢磨，使中国园林看起来越发神秘。这就出现了钱伯斯在英国的邱园建造了著名的中国塔并成为该公园的象征（图3-1），但我们很容易发现这座塔是似是而非的，当然钱伯斯可能融和了英国人欣赏中国园林的审美品位，但是如果他理解了塔在中国的哲学中原有的寓意也就不会选择偶数层数，且塔的颜色也不会因为过于明艳而失去了塔本身所代表的朴素思想，这样被善意"曲解"的中国园林在国外并不在少数，比多福庄园中的中国亭子也是如此，见图3-2。

图3-1　英国邱园的中国塔　　　　图3-2　英中式园林比多福庄园的中国亭子

3.3 大象无形与异质同构

中国传统风景园林深受儒道释哲学浸淫，并成为我国传统哲学思想的载体。前文解答了传统风景园林与哲学的必然关联，那风景园林中是怎样还原哲学思想的呢？这里就出现了一个艺术与哲学同构的概念。儒家文化中很重要的一个思想就是艺术为道德教育的工具。自周朝起，文人的教育体系包括六艺的学习，即礼、乐、射、御、书、数，这其中就涉及了艺术方面的培养，古人每习得一门艺术，其哲学方面也在同时顿悟，因此，文人们同时也具有相当的艺术修为，如身居高位的王维擅长诗书画等。因此，这些文人受到艺术教化而成长，其思想中的哲学也与艺术是共同建构而成的。

同时建构共同成长的，谓之"同构"。抽象的哲学在意识形态下是程朱理学的"理"，是"气"，也是陆王心学的心外无物，哲学谓之"大象无形"；但是在物质形态下，因为哲学与艺术同构，哲学得以在古人的艺术作品中被具体化，被世俗化，被可阅读，被可见，人们在这些艺术作品中也就同时习得了哲学。同构的前提是成全了哲学"大象无形"的具体化过程。进一步而言，哲学与艺术同构，二者互为表里。在传统风景园林视角下，园林的设计者、风景的讴歌者既是文人，也是艺术家，因此，园林与诗书画等其他艺术门类又形成了同构。这样的例子不胜枚举，文徵明设计的拙政园、卢鸿一的嵩山别业、杜甫的浣花溪草堂、白居易的庐山草堂等都是这样的典型代表。这个俗化过程是如何开展的呢？从古人的诗词或绘画作品等中可窥见一斑。如王维的辋川别业有 20 多处景点，其中竹里馆（图 3-3）是大片竹林环绕着幽静的建筑物而成景的地带，王维《竹里馆》有云：

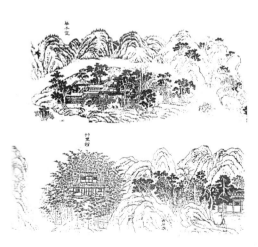

图 3-3　《辋川图》摹本之竹里馆
（图片来源：周维权《中国古典园林史》）

> 独坐幽篁里，弹琴复长啸。
> 深林人不知，明月来相照。

王维用独坐、深林、明月等抒发孤

芳自赏的感慨，表达了自己不甘心沉沦，仍想兼济天下的心愿。这里"穷则独善其身，达则兼济天下"的思想正是儒家思想的延伸。有时从王维和裴迪的唱和诗中还可以领略到山水园林之美和诗人抒发的感情与佛道哲理的契合，以及寓诗情于园景的情形。可见儒家思想虽"大象无形"，却可以通过诗与园林将其世俗化。

中西文化在空间营造中的互为体用

　　广义而言，中国传统的艺术与哲学是一体的，风景园林既是艺术，也是中国哲学的载体，造园者将自己处世的哲学融入所建的园林中，因为艺术与哲学是同构的，传统的风景园林属于泛艺术范畴，故而风景园林与哲学也是同构的。

　　对自然理想化的追求，道家天人合一的观点最具代表性，在传统园林中道家思想的痕迹无处不在，儒家与佛家亦然，哲学是这一切的基础。西方社会一度非常迷恋中国传统社会的一切，如丝绸和茶叶。对于中国园林，他们也曾极度喜爱，然而中国的园林却未在西方被广泛传播。在回答这个问题前，也许用日本园林来进行比较更为恰当。Ian Thompson 曾经问："中国园林在欧洲并不多见，但是日本园林在欧洲却非常多，这是为什么？"[①] 由此可知，彼时中国的哲学体系将西方受众无意识地拒之门外，使大多数的西方实践者仅理解中国园林的其一，但并不知晓其二，所以钱伯斯在邱园的中国塔才会出现偶数层，并不是中国园林在西方不被接受，而是中国园林根植于中国传统哲学，其过于神秘而难以模仿，如"无为"是对筑山理水用"本与自然"的精神高度概括后而不再作为的"反者道之动"，这样的转译并不简单。相较之下，日本将山水整理得一丝不乱，强调"少"的意境，是其受到日本禅宗文化的影响而形成了少就是多的极简主义思想，极简主义表达出来的形式较抽象，这与西方的逻辑分析法得到的抽象性的表意系统相对吻合，因此也较容易被模仿，这是一种耦合的逻辑，因此日本园林的转译过程相对容易，也就不奇怪在西方的日本园林相对多一些了。即便是在当代，以彼得·沃克为代表的西方景观设计师更习惯于从日本的景园中寻找灵感。中国园林的东学西渐之路并不顺利，最根本的原因是中国的哲学对于园林的影响很深，如果缺乏对中国哲学的悟道，就无法完全理解园林的精髓，从而也就无法真正地表达。中国的风景感受美学的根源即在于对哲学的理解。

---

　　① 这是 Ian 与笔者交谈时提到的。

　　前文通过曾奇峰的环境营造研究指出西方的营造规则更多地在追求同一性，主张在差异中把握"同而不和"的经验模型，而东方的环境规则强调了趋同、转换以及非恒定性的观念，更强调"和而不同"的经验模型。

3.5　中国风景园林的形而上

　　哲学多为政治阶层服务，到了宋代理学时期，形而上被更系统地提出，统治阶级接受并大力推崇理学，因此形而上逐渐变得明晰起来。朱熹认为形而上是虚无的，形而下是具体的，但是形而上是根本、是道、是理、是气，形而下是将这样的抽象本质进行外物化。宋代理学解释了形而上和形而下的定义，但是从景观设计层面来说，程朱理学却不比陆王心学的哲学主张更适合解读园林。陆王心学则注重唯心主义，他们认为万物与心是一个整体，强调了心理的感受，这与风景园林中的"意境"不谋而合，从一定程度上看心学承担了风景园林形而上思想的重要部分。

3.6　审美连续体

　　据心学的基本原理，中国形成的审美认知方式是审美的整体认知，可被称为"审美连续体"。而西方形成的审美认知方式更强调区别主观和客观，谈空间的时候，强调的是"看"与"被看"的关系。中国传统园林的解读体系是审美连续体的解读，即人和环境是一个整体，是对整体意境、意象、意蕴的解读，中国传统风景园林哲学关系应该从"审美连续体"的角度来认知，也就是认识者和被认识者是一个整体，是人和环境成为一体，所以"天人合一"也可以理解为用审美连续体来阅读中国风景园林的一个典型表述（图3-4）。虽然过去几十年中，我国当代风景园林

图 3-4　天人合一的风景园林（南宁市青秀山）

有大量"西学东渐"的实践，但这也许并不适合根植于中国传统文化的风景园林。就如何看待当代中国风景园林的建设，刘滨谊提出了适合中国哲学的审美连续体的方法论，即用"三元论"的科学系统来诠释解析本土的在地的传统的审美连续体，"三元论"为基于中国哲学的风景园林转译提供了方法论和认识论，下文将会展开这部分内容并讨论如何逐步实现我国本土风景园林的哲学世俗化过程。

3.7 中国风景园林的哲学语义——言外之意

中国传统哲学与艺术同构，哲学的一些特点与艺术相通。中国哲学一个重要的特点是延伸的意义，其相关论著寥寥数语却包罗万象，各种解说分层杂谈，如《论语》通篇共一万多字，却成为几千年的哲学经典，大量对论著的争论和哲学的发展是通过后人的注释和解释来推动的。其字数虽然少，但是哲学本身的含义反而有无穷尽的解释，因此，如果哲学具有这样不明晰的特点，也就有了各家对哲学要义不同的注释，注释者因为本身的注释又演绎出了新的学派，如《庄子》原文的暗示和郭象注解的明晰，曾有禅宗和尚有禅问："到底是郭象注了《庄子》还是《庄子》注了郭象"，便是这个道理。所以哲学充分运用了名言隽语与比喻例证，明晰不足而暗示有余，这也自然地成为一切中国艺术的理式，诗歌、绘画以及其他艺术亦是如此，因为不明晰所以暗示无穷尽，而"言外之意"便成了中国哲学与艺术的重要特点。富有暗示，而不是明晰得一览无遗，是一切中国艺术的理想，诗歌、绘画以及其他无不如此。以诗而言，诗人想要传达的往往含蓄而内敛。依照中国的传统，诗词歌赋常言有尽而意无穷。中国艺术这样的理式，也反映在中国哲学家表达自己思想的方式里。哲学与艺术都如此表达言外之意，园林作为艺术与哲学同构的载体，必然也会用这种方式抒情达意。柳宗元被誉为风景感受美学的宗师、鼻祖，他的诗文中大量承载了这样的哲学讯息，如在《愚溪诗序》中，将所遇到的溪、丘、泉、沟、池、堂、岛等统冠以"愚"名，原因在于它们"无以利世，而适类于余"。但是，山和水并非真的"无以利世"，而是为世所弃，无法利世。当此之际，使得柳宗元对与自己同一命运的山水寄以深深的同情和怜悯，借以表露自己内心的深重忧愤，"弃地"就是比喻柳宗元自己是个"弃人"。不管作者通过比附、比兴，还是其他的象征手法等，这些风景感受美学都是通过诗文之外的"言外之意"来表达的。

3.8 中国风景园林的哲学世俗化方法 ——"意在笔先"与"时空转换"

根据第 1.3.3 节所述，哲学与艺术同构，风景园林与艺术同构，风景园林也就与诗书画同构了，于是中国风景园林的哲学价值就也存于诗中、活在画中、隐在词中，按照中国哲学之于风景园林的形而上阅读，诗中画中词中皆为审美连续体。我们从这些诗文中习得了哲学，就习得了风景园林的要义。因此通过山水诗、山水画等，山水园林也就得到了再现。

刘滨谊将山水诗、山水画、山水园三位一体的审美连续体的耦合进行了互动定义，并论述为引发人们风景园林感受的"时空转换"（图 3-5）。通过时空转换将存于艺术作品中"大象无形"的中国风景园林的超道德价值进行世俗化和再现化。而通过时空转换达到的对风景园林超道德价值追求的过程实现了脱离物象的意境萌发，这样的意动，为后人的创作提供了路径，此之谓"意在笔先"。

图 3-5　导致时空转换的路径设计（南宁市青秀山）

通过这样的时空转换将与哲学同构的诗画园识别出来，当识别出来的同时，风景园林中的哲学就被世俗化了，将可读的哲学置入新的风景园林的创作设计中，于是这些传统哲学情境就成功地通过"时空转换"而跃然于现实了，新的情境传承了传统风景园林哲学的情境。

以刘滨谊团队的《龙门石窟世界文化遗产园区战略规划》实践为例，具体方法是以诗词与景观之间的相互依存关系为基础，把诗词中意识化了的景观形象通过再现、借喻、解构和重组等途径构建的模型转换成景观视觉形象，实现景观时空上的穿越变化，将景观中体现的时间和空间进行量化分析，确定了明确的风景园林规划设计内容和时空尺度，将古代的诗词与现实的风景园林场景相结合，将传统文化融入现代风景园林规划设计当中，实现景观时空转换的多赢，"时空转换"就成了哲学的世俗化过程（图 3-6）。

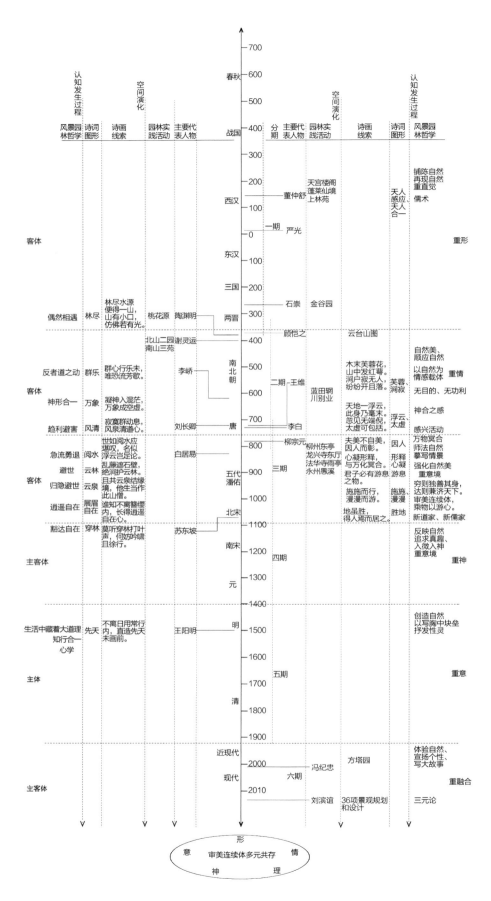

图 3-6　风景园林哲学于诗文的世俗化过程

3.9 结语

通过前文的综述分析可知，中国传统风景感受美学的审美阅读方式是"审美连续体"，即根据心学的基本原理，中国传统风景园林是审美的整体认知，这样的阅读方式明显区别于西方主客体二元结构的认知体系，主客体二元即强调区别主观和客观，但这在审美连续体中没有所谓的主客体区别。因此，中国传统园林的解读体系是审美连续体的解读，即讨论景观空间及其行为模式时，是将人和环境看作一个整体，而不是强调人和环境主客分离的关系。

除去审美连续体，中国风景园林与西方风景园林的另一个主要区别在于对第三层次的风景园林空间的有无，第三层次中国风景园林空间的超道德价值是对意境的追求，即超脱于物形，是意象的内心的意动与萌发。这三个层次的风景园林空间是以柳宗元的旷奥为基础，以刘滨谊提出的风景园林旷奥空间评价为框架展开研究的。以此构建了传统风景感受美学的景观空间行为的模式，即"审美方式—审美层次—景观空间"的结构关系，进一步建立如下架构，见图3-7。

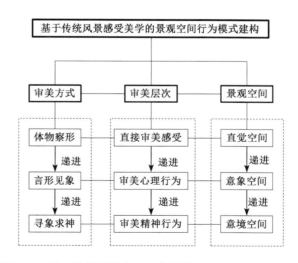

图 3-7　基于传统风景感受美学的景观空间行为模式建构

本书讨论的核心为风景感受美学的中西融合的表达方式，中国风景感受层次呈"物境→情境→意境"的递进关系，对应的西方感受评价为"生理、心理与精神"；通过感受对应的行为模式分别为"直接审美模式""心理审美模式""间接审美模式"；在这样的前提下，构建风景感受美学空间为"风景直觉空间""风景知觉空间"和"风景意象空间"。

在感受层面，中国的"审美连续体"的"主客合一"的审美阅读方式决定了"物—情—意"的递进关系，而西方的逻辑思维体系决定了主客分离的感受方式，因此体现为"生理—心理—精神"的表述。中西方审美模式的差异是显而易见的，其一为提法不同；其二是中国"审美连续体"的"主客合一"与西方"主客分离"的阅读方式也不一样；其三是中国风景感受的"景外之景""象外之象"的意境层面的"超道德价值"追求中国哲学的"和而不同"，这与西方精神层面的"同而不和"的感受也不尽相同。在行为层面，本书旨在通过感受层面明确的区别和差异后，通过其共性建立三种行为模式的中西融合研究。在空间层面，根据刘滨谊的风景旷奥度为依据，搭建的风景旷奥空间评价体系进行论述。

本书一方面表述中国传统风景园林感受的"元"；另一方面表述了从西方传承下来的当代风景园林感受美学的"元"；这二"元"的结合成为本书需要研究的中国未来风景园林感受美学的"第三元"，基于"第三元"的审美规律构建中国传统风景园林感受美学的景观行为及空间模式关系（图3-8）。

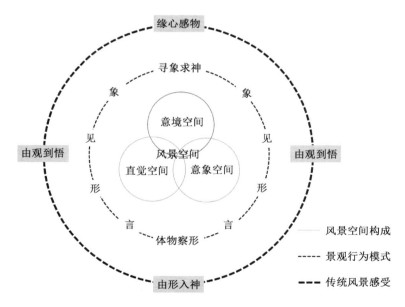

图3-8　基于中国传统风景感受的景观行为及空间模式关系

第 *4* 章

体物察形：从物质空间
到直觉审美

　　审美感受源于人们对生产与生活的直接感受，人在日常"体物察形"的时候就孕育并产生了直接的审"美"感受。人通过对生产、生活相关的外部物理空间的"直接感知"与"审美反射"来构筑直觉风景空间。

4.1 "体物察形"的直觉审美图式

　　"体物察形"这种由直觉经验所带来的生理与心理愉悦是中国的原始审美意识，是"由形入神"审美方式的具体化，是"体物察形←→言形见象←→寻象求神"审美过程的第一阶段，其源于生活，是众多老百姓喜闻乐见的审美方式，也是审美境界的初级阶段。中国人对于世界的认知在这里形成一套表形的世俗审美图式。这

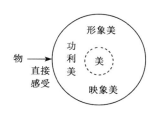

图 4-1　直觉审美图式

时，整个心理机制进入一种特殊的审美注意状态，伴随这种状态，会产生情感上的某种期望。注意和期望共同构成一种特殊的审美态度。曾奇峰认为，形与神在文化的演进关系中被定义为"外图式"，情与理被定义为主体之意相互交叠的"内图式"，那么"由形入神"是一个由外入内的理解、对照与沟通（图 4-1）。

由形入神，从空间上来解释，是一个从物理尺寸定义的几何空间通过感觉感知构成的直觉空间再转向理性构筑的意象空间，最后升华为意境空间的过程。

当人感受某些色彩、质地或单个音符时，会不假思索地从中得到某种愉快的感受，这种愉快的感受来自对个别的色彩、质地和乐音本身的感觉，这些愉快的感觉是美感经验的基础和出发点。马克思·德索曾恰当地把这种生理感受称为"审美反射"。其获得的结果是人对形态、光线、色彩、声音、味道、质感、姿态"美"的愉悦，这里的"美"可以对应为悦目悦耳的事物（图4-2）。

"形"是客体的物所展现的"形象"与主体感知事物所形成的"映象"整合

图 4-2　丰富的空间形态（南宁市青秀山）

外显而成，是人在对物的观察中自动"涌现"出来的。"察"即为"得"，是作为客体的人通过对作为主体的"物"的直接感知而得的，即"物"之"形"，这和东晋画家顾恺之在《摹拓妙法》中提出"以形写神"的"写"有所区别，"写""画"强调主观写入，是一个创作的过程。而"察"与"得"更强调客观带入，是一个审美的过程。

中国人对形的处理手法有象征、模拟和缩景。缩景是对实景的空间关系进行意象性地缩小，是"计步仅四百"，也可"自得谓江南之胜，惟吾独收矣"的缩景，而不是按比例进行形象缩小的意思。王维《山水论》曰："凡画山水，平夷顶尖者巅，峭峻相连者岭，有穴者岫，峭壁者崖，悬石者岩，形圆者峦，路通者川。两山夹道者名为壑也，两山夹水名为涧也，似岭而高者名为陵，极目而平者名为坂。依此者粗知之仿佛也。"这里指的是造园造景过程中就如绘画一般，讲究写意，用两山之间形成的夹道就象征模拟了壑，而不是真实的原貌重现一个缩小的沟壑。

4.1.1　物与形

中国传统审美里所说的物是自然景物，也可以是社会生活中的各种事物；更可以是指作品中描绘的各种景象与环境（图4-3），总之是指一切与审美主体相对的审美客体。中国人认为万物皆有神，神蕴藏于物之内，因而在古人眼中物并不是一个实质的事物，也不是一个界限分明的实体，而是一个有着由虚到实，即"器、气、形、象、情、神、道"多层次的丰富性存在物。也就是说，中国传统艺术讲求体物察形、由形而象、寻象求神的物我同一性，"器、气、形、象、情、神、道"作为传统认知的主要范畴是共时性存在的，它们互通互换于物我的审美主客体之内。中国传统文化升华了原始人难以区分的我与自然之间差别的"原逻辑"思维，被动

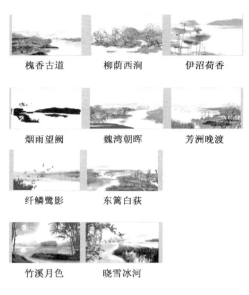

图 4-3　湿地十景
（图片来源：上海刘滨谊景观规划设计工作室）

性达成"物我合一"的整体性思维。"体物察形、言形见象、寻象求神、传神写意"的审美感受的产生是由上述若干个认知范畴交叉影响而形成的结果，不是一个严谨的先后顺序的认知过程。西方艺术注重由实至虚、物我两分的历时性逻辑推理过程，注重对实体进行概念分类以及时序关系的理性研究。如何用西方的研究方法去解释中国传统审美范畴"物我合一"的共时性存在则比较很关键。

形是一种作为可视性的物质形体而存在的。空间由"器"与"形"所构成，用西方语言转译，即物理空间是由"器"——空间要素和"形"——空间形态所构成的。艺术家通过模仿而绘形，只能达到"形象""物象"的阶段，虽然这也能给人带来愉快的感受，但只是初级的审美。对于中国古人来说，"形"与"象"既有联系又有区别，但"象"比"形"更为重要。

4.1.2　体物而得神

中国古人的审美对象"物"是由客观实物、人的直觉、意象和意境综合构成的，"睹物兴情""感物吟志""缘情托物"都说明了心物不可分。苏珊·朗格（K. Susanne Langer）认为物是一种情感的符号，人通过状物之形来传物之神，如山水代表了仁智。

关于体物，南宋画家曾无疑工画草虫，年迈愈精。有人问他有什么诀窍，他说："是岂有法可传哉？某自少时，取草虫笼而观之，穷昼夜不厌。又恐其神之不完也，复就草地之间观之，于是始得其天。"从中看出，人想要得物之神，必先要深入物之中去体验，方能得其精髓。

当然，在中国传统文化里，有一些物是需要居住游玩或与生活息息相关的一般要素（图 4-4），如明万历年间的《永昌赵氏宗谱·序》中有："山可樵，水可渔，岩可登，

图 4-4 奇异的巨石
（图片来源：陈从周《园综》插图）

泉可汲……"里的山、水、岩、泉等都是人在体物过程中必须有的空间要素；还有一些物是为大家所喜见喜咏喜画的，如《梦溪自记》里对地景空间要素的提取："巨木""盘石""茂木""百花堆""花竹""深宅""远亭"等，对这些奇异的要素进行体验，可以获取别样的感受（图 4-5）。

图 4-5 奇异的空间要素（南宁市青秀山）

中国传统美学对于审美客体，主要不是考虑它的形体如何美、有何种美的属性，而是对它的形、神反复斟酌，以求物与神遇。Dufrenne 认为，审美对象本身就具有意义，它本身就是它自己的世界，我们只有留在它周围，始终回到它本身才能够理解它……所以说审美对象是一个类主体。得神即人与物的心得意会，物的神经过人的体悟而领会到。钟嵘《诗品上》序曰："气之动物，物之感人，故摇荡性情，形诸舞咏。照烛三才，晖丽万有。"人的性情通过体物之气韵而受到触动，使审美意义回到知觉。石涛云："受与识，先受而后识也。识然后受，非受也。"受（感觉经验，即现象层次的物）被放到统领"识"（逻辑）的地位上。

佛学主张以"镜"照"境"。山水画家宗炳提出"澄怀味象""澄怀观道"，意思是洗去各种主观欲念，使心变得像镜子一样纯净清明，即"心若明镜"，以便完全客观地参透事物的本质。

"君子比德"是儒家著名的美学命题，体现了儒家亲近自然的思想。《论语·雍也》有云："子曰：'知者乐水，仁者乐山。知者动，仁者静。知者乐，仁者寿。'"此外，还有植物比德，屈原的《离骚》中出现了植物20余种，体现了比德思想，暗喻香、贵、耐寒等特性。

阿莫斯·拉普卜特认为环境就是一种固定、半固定与非固定元素的组合体。固定元素指变化缓慢的物体，如土地、建筑；半固定元素指容易变化的物体，如树木、家具、图像、色彩等；非固定元素以人为本，变化性较强，如人的空间感知、行为活动、价值观和需求等。固定元素由设计师设计，而半固定元素应由使用者进行"个性化"设计，它们的目的都是为了满足非固定元素的多元化共存，即每个群体和个人都能找到属于自己的空间。这里划分三元素的关键是"变化"，变化可以指时间自然流动所产生的变化，如光在空间中一天的变化，"半亩方塘一鉴开，天光云影共徘徊"；也可以指人为的改变而产生的变化。

4.1.3　物己之神

中国传统讲究物与己之神互通于道，"借物以明道""道生一，一生二，二生三，三生万物"，道其实就是一种德，就是无。

唐代张彦远在《历代名画记》中载汉桓帝时期画家刘褒"尝画云汉图，人见之觉热；又画北风图，人见觉之凉"。在画内，人与云、风相通，使画外之人如身临其境，这和明清思想家王夫之强调艺术创作要"内极才情，外周物理"是一致的，这就是物我同构。

元人汤垕在《画鉴》中云："画梅谓之写梅，画竹谓之写竹，画兰谓之写兰。何哉？盖花卉之至清，画者当以意写之，不在形似耳。"文人赏物，更多的是体物而得神，因而在造园时，多不拘泥于造物之形，而是用文人意趣去写物之情，不是咏物而是咏怀。反映在园林建造上，即不是造园，而是写园（图4-6）。

图 4-6　产生万物的山
（图片来源：杉浦康平《造型的诞生》）

明人唐志契在《绘事微言·山水性情》中曰："凡画山水，最要得山水性情，得其性情，便得山环抱起伏之势，如跳如坐，如俯仰，如挂脚，自然山情即我情，山性即我性，而落笔不生软矣。便得涛浪潆洄之势，如绮如鳞，如云如怒，如鬼面，自然水情即我情，水性即我性，面和笔不板呆矣。"这里讲的就是物我合一。

4.2　直接审美感受模式

从"由形入神"作为中国传统审美感受产生的一个重要方式可知，中国的审美意识是重感官直接感受与"审美反射"[①] 的，是发乎于物对人的官能性刺激产生的"美"，是外部物理结构、生理感受结构、社会情感结构三者直接契合的结果。"体物察形"的"体"和"察"都是需要对物的官能性直接感知来实现的。日本笠原仲二教授认为，中国的审美意识是从与肉体的感觉有直接关系的对象中触发的，一切有利于使人的官能获得快乐的对象都是美的，如甘美的食物、芬芳的香气、悦耳的音调等，都是美的来源，反之则是丑的。这种直接审美感受是片段、局部、浅层、有限而直接的，是心理审美感受的前提。

---

① 马克斯·德索认为审美反射是一种近乎生理的反应，如呼吸急促或中断，面部潮红或苍白，神经性痉挛或眩晕等反应。

4.2.1 体：直觉体验

"体物察形"首先就要到物中去，以参与者的身份去体验，而不是仅仅停留在旁观者的"看"。中国古代思维有一种方式叫直觉体验。这种体验带有深沉、含混而朦胧的特点，虽然不像理性思考那样条理清楚，但其有一种深度的划分。一是浅层体验，二是中度体验，三是深度体验（沉浸体验）。就像"技痒于心"，"痒"是身心不舒服需要排遣的欲望，经过写诗、绘画、游园等"挠痒"

图 4-7　汧渭之会国家湿地公园总体规划
（图片来源：上海刘滨谊景观规划设计工作室）

行为使人感到身心愉悦，所以这种先苦其身，后甜其心的体验是深刻的。体验的对象、过程与结果都是一种即物象而超物象、感性而超感性、恍惚而又真实的存在，这是美与审美一致性的体现，是人不离开直观经验而达到对事物本质的悟，其中主要还是人在自然物中体验自己天人合一的状态（图 4-7），而不是像西方那样以社会生活、人物事件为主要观照对象。可以说，整个中国的传统美学就是体验的美学。

体验哲学认为人们首先体验的是空间，包括地点、方向和运动等。这里所说的地点、方向、运动，实际上是指人们通过认知来理解客观事物之间的空间关系，即以一事物为参照，对另一事物在空间中的位置、移动或存在等状态进行概念化的结果。空间能把作为物质存在的环境和人的体验感觉关联在一起，人使用、移动和体验的是空间，人通过视觉、听觉、嗅觉、触觉、动觉来获取空间要传达的信息，通过身体去体验空间，空间只有通过人在其中的直接体验才能被领会和感悟，空间赋予人一个存在的立足点（图 4-8）。人通过在空间中交往等切实的社会感知来体验自我的存在价值，这也是景观空间体验的价值所在。

体验是个直接或间接的互读过程，即个人通过感官接受刺激→分析→解构→重筑的经验积累过程。对在场所中体验的人来说，正在经历的是一种事件，当时的体验与事件一起作为一段记忆留在心中，当这种记忆故事不断积累后，人们就

会对这个场所产生一种眷恋。在不同尺
度的景观环境中，各种感觉按其重要性
形成等级：对于大尺度的景观环境，这
一等级次序为视、听、触、嗅；而在小
尺度的景观环境中，这一等级次序变为
视、嗅、动、听。

　　人作为带有不同目的[②]的体验者在
自然环境中散步，通过身体的体验来感
知景观，形成难忘的空间体验。脱离了
景观的体验是难以想象的，只有在自然
景观中才能提供给人对自然环境如树
木、昆虫、花香等的近距离体验，以及
对太阳、大地、云朵的远距离观察；只
有在自然景观中才能提供给人对自身心
灵世界进行纯净洗涤的精神体验，人真
挚的情感流露，给人留下深刻的印象，
这也是在传统风景中的最大体验。

　　主动或被动参与是景观体验产生的
充分条件。参与主体、参与方式与参与
氛围是景观体验能否顺利产生的必要条
件。参与主体分为三类；参与方式可分
为主动参与型、被动带入型和放空观望
型；参与规模分为群体、集体、家庭和
小组。参与度的大小根据参与的时间和

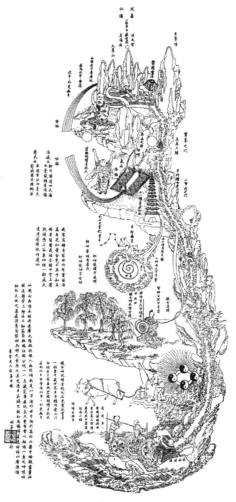

图 4-8　内经图[①]（藏于北京白云观）
（图片来源：杉浦康平《造型的诞生》）

频率可划分为四个等级：经常参与、一般参与、偶尔参与和不参与。对于交往空间
来说，根据参与度可将交往空间区分为积极交往空间和消极交往空间[③]，以及中
性交往空间。对于风景园林来说，消极与平和未必是一件坏事，这是可以转变成
积极的一种潜在可能性，在时机不成熟的时候不应该作好坏评价之分（表 4-1）。

---

　　①　人体侧面吸收了自然风景，体内充满了恬静安逸的田园风光和深山幽谷的景观，人的身体通过"六根"与自然交合。
　　②　体验可以划分为有主题但目的性不是很强的体验，可以是没有目的的体验，人通过切身体验某个事物，就会有好几
种情景图式残留在记忆里。
　　③　芦原义信在《外部空间组合论》中提出了"积极空间"和"消极空间"的概念。

表 4-1 不同材质带给参与者的视觉与触觉体验汇总

材质名称	视觉特性	触觉特性
土	淳厚/实在	松软/粗糙
水	清澈/反射	轻柔/流动
木	原始/质朴	坚硬/温暖
石	厚重/沉静	冰凉/坚硬
金属	前卫/光亮	冰凉/光滑
玻璃	通透/现代	冰凉/光滑
竹	自然/挺拔	坚挺
藤	原始/自然	柔韧
塑料	轻巧/现代	轻盈

资料来源：上海刘滨谊景观规划设计工作室提供。

4.2.2 察： 直接感受

直接感受行为主要是指人感受美的事物的生物性本能，是基于具体实在的"物"之上的"即"视、"即"听、"即"闻、"即"触、"即"动的审美反射能力，是源于生产生活中的使用行为，休闲放松的游憩行为和进行家族聚会及宗教仪式等集体行为。可以说人的直接感受是外部物理空间进入人的身心从而转化为直觉空间的必经途径，直接感受在审美体验中起着相当重要的作用。人的直接感知行为可以概括为视、听、味、嗅、触、动这六种有关人的肉体感受的行为方式，通过这六种行为方式去"体物""察形"，审美注意得以显现，"察物"借助观形、听声、尝味、嗅香、触质、游物这六种方式来实现。

4.2.3 游物

宋人郭熙在《林泉高致·山水训》中说："世之笃论，谓山水有可行者，有可望者，有可游者，有可居者；画凡至此，皆入妙品。但可行可望不如可游可居之为得。"可见可居、可游的重要性。中国传统审美方式的"神与物游"中的"游"意味着人在空间中或前或后、此时彼时地自由漂流与观游，其间人的心理活动不完全有意识，而是处于有意无意之间的物之目游、身游与心游的过程，"游"体现了人观察的动态性以及追求自由的本质，是中国山水诗、山水画、山水园创作鉴赏中广泛运用的一个基本法则。中国风景园林将三种传统园林类型耦合，见图4-9。

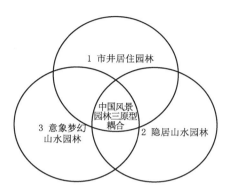

图4-9　中国风景园林的耦合关系示意

图4-10　游物（南宁市青秀山）

游物的"游"与冯纪忠先生提出"时空转换"是相吻合的。在时空关系中，时间性起决定性作用。时间流逝造成整体的空间意境、空间意象和空间发生变化，人在时间与时间、时间与空间、空间与空间之间游走，从而得到复杂的感知转换体验并超越时空的屏障而进入深邃的境界，得以一瞥古人之意、深究自我之心。这种借助于诗画园耦合互动，引发人们风景园林感受的"时空转换"正是中国风景园林规划设计的本质和灵魂（图4-10）。

时空转换可以通过观察与记录人在空间中的行为时量、时量密度和时段比（活动时间与总时长之比）这三个针对行为时间要素的指标得以显现，从而真实地反映使用者在景观空间中时空转换行为的发生频率和效能。时间要素的调查因涉及占据空间，使用的总时长和人员数量，这是耗费大量工作时间的项目。在调查过程中，调研人员在分配好观察区域后，每20～30 min清点一次空间中的人员数量（即多次行为布局记录），并在调查结束后汇总，在现场统计数量的同时记录人员分布情况以备空间要素分析。

4.3 直觉空间模型

直觉是审美层次的最低境界，是基于满足人的生产生活和安全需求之上的审美意识，即物我合一境界的本我境界。所谓直觉空间，就是由人的直接感知行为和经验所定义的物理空间，即由空间的形态、大小、远近、明暗、色彩、味道、声音和触感等这些与人的空间感觉相关联的"非推理符号形式"（non-discursive symbols）所构成的无序、松散、感性的空间，类似于 N. Schulz 提出的自然空间（实用的、知觉的）。空间是直觉存在的，因为其更多地体现了空间要素本质的"形"之美而具有一般性，是对物的写实。在此，人的主观意识是朦胧的，朦胧的意识可直接呈现于直观当中的"物"成为纯粹的意识，从而还原物的本原。正如苏轼云："与可画竹时，见竹不见人。岂独不见人，嗒然遗其身。其身与竹化，无穷出清新。庄周世无有，谁知此疑神。"通过画竹之美，成为作者之意与读者之情相互观照的化物。尽管古人强调画需象物，诗需咏物，但状物一直不是中国传统美学的主要目的，甚至被认为是"诲淫教偷"，这一点和西方重物形成互补。

不同地域的景物（大地、山、水、植物、天空等生态景观要素及其空间关系）往往成为特有的几何空间的景观基质和特性。自然景观的空间美是自身及其之间的和谐关系所体现出来的美，是由自然生态、文化环境的必然性和人的活动的偶然性相互作用获得的，要营造美的风景就一定要发现并尊重当地自然环境的原始景观格局和要素、自然潜力以及时间演变的过程，并为每个个体主观能动的情景图式创造提供可能。刘滨谊提过"胡杨 3 000 年"之说，即新疆的胡杨存活1 000 年、死后 1 000 年不倒、倒后 1 000 年不朽，尊重了自然景观的时间。

荆浩在其《山水节要》曰："……观者先看气象，后辨清浊。……凡画山水，须按四时。春景则露锁烟横，树林隐隐，山色堆青，远山拖蓝；夏景则林木蔽天，绿芜平阪，倚云瀑布，近水幽亭；秋景则水天一色，霞鹜齐飞，雁横烟塞，芦渚沙汀；冬景则即地为雪，水浅沙乎（平），冻云匝地，酒旗孤村，渔舟倚岸，樵者负薪。风雨则不分天地，难辨东西，行人伞笠，渔父蓑衣；有风无雨，枝叶斜披；有雨无风，枝叶下垂；雨雾则云收天碧，薄霭依稀，山光浅翠，网晒斜晖。晓景则千山欲曙，轻雾霏霏，朦胧残月，气象熹微；暮景则山衔落日，犬吠疏篱，僧投远寺，帆卸江湄，行人归急，半掩柴扉。……如此之类，谓之画题。"[①] 所谓画题，即画的主题，翻译成景观空间语言就是构成景观的要素，如雨、雾、人、伞、蓑衣、柴扉、帆、云、天、水、山、日和月等，这许多要素通过四时的变换构成山水画境。

4.3.1　空间形态的丰富度

形态美主要是通过视觉来完成的。那么，空间形态按视觉关系分为主客两

---

① 摘自《晋乘搜略》卷三十一。

类，一个是由人的视觉特性和行为构筑的主观视觉空间，另一个是由视物的形态、色彩和光线构成的客观视觉空间。当主观和客观两种视觉空间形态相互并置后，就为营造意象和意境空间提供了条件。

空间形态由空间轮廓"线"构成，按线形的视觉特性可分为三种：一是平面线形，二是立面线形，三是立体线形。按要素属性可分为自然空间线形，聚落及建筑空间线形，场景空间线形。对以上六种空间形态进行整体把握，是获得奇亭巧榭、层阁重楼优美景观形态的关键（图 4-11）。

图 4-11　止园
（图片来源：陈从周《园综》插图）

人首先是通过主观视觉来感受空间形态的。①人眼视觉特性决定了景观空间是以视觉中心、视觉领域和视觉边缘而存在，这也决定了景观空间是由景观中心、景观领域和景观边界构成的立体景观空间。②人的静态视觉行为分为环视、扫视和凝视，这也决定了景观空间分为全景、域景和物景。人在观看一个物体的时候通常会去寻找一个中心作为依托来注视。在观看画作等小尺度对象时，中央要沿着复杂且循环的路线进行扫描；观看较大的雕塑时，扫描集中于形体本身折线式来回跳跃，并在形体外轮廓处略作停顿；对于建筑，目光主要沿线条和外轮廓进行扫视，并多停顿于檐口、入口和形体突变部位；对于街道，人们会集中于中景左右来回扫描，注视程度随距离增加而逐渐减弱，具有连续性；对于广场，目光多集中于中景或近景处的狭窄地带，围绕中心来回摆动，注视程度变化较大，具有动态性质。③人在景域中所处的位置决定了他是仰视、平视还是俯视，这也决定了景观空间是高山仰止的仰视图，还是层峦叠嶂的平视图，抑或是极目千里的俯视图。

其次，景观空间的形态也影响了人的景观视觉感受。景观空间形态是由边界勾勒形成的。边界可以是具体有形以实际物质存在的物理边界，如建筑的轮廓线、森林的边界等；也可以是由人的心理去完善形态的一种心理临界值。从自然地理空间格局来看，边界是由自然环境形成的生态控制线（如天空、河流、树林、等高线、山脊山谷线、田埂等）；由聚落格局形成的道路、建筑外墙和屋顶等；由建筑格局的外墙、柱子、屋顶、楼板以及地面构成的边界等；由场景格局中的家具、人构成的边界。人与人之间无形的心理界限一起相互融合构成景观空间的"顶""中""底"三个界面形态，这些形态为构成丰富的景观视觉空间形态提供了条件。

对于景观二维空间来说，形态的多样性、独特性、统一性成为评价空间形态直觉审美感受的标准。丰富意味着"多"，中国古人以多为美，《礼记·礼器》提出"多之为美"，"多"在中国传统文化里具有幸运、欢喜、庆贺或满足之意，古人从事物多聚的姿态中获得了美感。这意味着景观形态的叠合程度，自然的边界应该和聚落的边界、建筑的边界及场景的边界等在某种程度上融为一体，使各自的形态在统一中又有变化才是优美的直觉空间。

刘滨谊提出景象丰富度 M 是视线样本标准差的统计指标。对于任意景境，M 表示景境诸视线空间角度的变化起伏度，它反映了景境景物相对于视点的起伏程度，M 与空间旷奥有关。对于旷景域，M 值越大，景域感受丰富生动；对于奥景域，M 值越大，景域期待预测信息多，景域感受变化莫测，奥感加强。

扬·盖尔主张模糊室内和室外边界，建立柔性联系，并在建筑物前设置良好的休息场所，使人们有户外停留的地方，这也增加了景观空间的视觉感知机会。

边界的场景具有提示性。这种提示可以是清晰、稳定和强有力的，比如一片高大坚实的墙体；提示也可以是模糊、不稳定和柔弱的，比如一块柔弱挂立的薄纱。前文说过没有边界的景观空间是无意义的，无形的空间要借助有形的界面及人类的体验才可能被清晰地感知。边界是种空间限定，这种感觉要通过空间边界所带来的围合感来实现，而围合感又必须由边界的物理属性，边界的空间尺度，边界心理界限的划定来控制人的活动空间范围与人的欲望限度。边界就像塑成混凝土的模板一样，是空间得以形成必不可少的条件之一。

边界的空间具有分隔性，空间由边界划分成可以识别的领域。具有复杂形态的空间可以通过设定边界而分解成几个形态简洁清晰的空间，几个相邻空间之间的一部分边界被弱化消失，从而连接成整体。各个空间的大小、连接方式、边界的完整性均会影响自身特征，整体空间的性质也同时受到影响。

边界的厚度和转折赋予了边界的空间特性。边界的延长和曲折都有可能形成空间，这也为心理学家德克·德·琼治提出的"边界效应"提供了可能，他指出："森林、海滩、树丛、广场和建筑立面等的边缘都是人们喜爱的逗留区域，而开敞无明显边界限定的区域则少有人光顾，除非边界区人满为患。"从传统意义上看，空间由实体边界围合而成；但反过来看，边界也是一种抽象的空间，如内与外的空间、人类与自然的空间、熟人与陌生人的空间等被挤出来的"实体"。

中国传统审美感受是喜欢丰富的景观形态还是简洁的景观形态？在审美形态上，中国古代追求的是和谐、宁静、自然的美。由于传统景观空间形态由聚落与建筑景观、自然地理景观与人文景观综合构成，群体景观空间形态必然是丰富的，但群体的丰富性并不意味着不假思索的复杂，反而应该是形成显著的繁简对比。人工景观空间的形状、自然空间要素的形状以及内部空间结构对决定群体景观空间形态起着相互制约的作用。

有的西方学者认为，作为物理现象的几何形状及其结合并不是纯粹的形式，而是其力学关系整体性的表现，人们对于不同形式的感知在物理力的诱导下产生不同的心理力，即不同的心理体验。反映到空间构成手法中，则体现为图底关系、群化原则和简单化原则等出自图形试验的组织原则，从理论上阐明了知觉整体性与形式的关系。

关于空间形态的类型，西方在符号学上研究较多：昂温（Unwin）使用直线形、圆形、对角线形、放射形；西特（Sitte）擅用矩形、三角形、不规则形和放射状系统；科林（Colin Buchanan）的向心状形、线形、格网；里卡比（Richaby）的同心集中形、同心线形、分散核心形、线形分散形、分散核心形；普雷斯曼（Pressman）的正交网格、蜘蛛网状、星系状、多中心网络等都是西方学者研究的符号。这些分类体系多数在视觉感受、密度、图底关系、组合方式等心理感受方面建立，如何从中找到中国传统风景感受最喜闻乐见的空间形态是重点。空间形态按空间组织要素的集聚状态可分成点状空间、线状空间和面状空间；按空间构成要素可分为物理空间形态、行为空间形态和心理空间形态；空间形态按视觉特性可分为三种：一是平面的形态，二是立面的形态，三是三维的形态；按空间格局又可分为三种：一是自然空间形态，二是聚落及建筑空间形态，三是场景空间形态。对以上形态进行综合把握，是立体把握传统风景感受空间形态的关键。

形态具有图像性和象征性。图底是实与虚的体量对比，它们分别呈现出不同的形态。是图还是底由二者的体积比、色彩吸引人注意力的差别、人的心理图式等条件决定。当然，先是从图开始考虑还是先从底开始考虑，这也决定了空间形态的差异。

1. 形态指数

形态指数是一个景观概念，在分形理论基础上，其是考虑斑块破碎度与形态结构复杂性的新概念。它是描述空间结构集聚性及形态复杂性特征的景观量化指标，是领域边界的周长与领域面积之比。它被用来反映领域内景观结构的集聚程度与形态的复杂度、丰富性，以及领域的边缘形态对空间意义的影响。一般而言，形态指数越大，说明不同领域的结构形状越复杂，相互连接的边界区域越丰富，那么与外部的能量、信息等交流就越便利。

2. 形态美景度

形态美景度是关于空间形态美的程度的研究。空间形态，即空间边界所形成的线条形状，可以分为个体空间形态和群体组合空间形态，中国传统审美直觉往往把握的是群体组合的空间形态，这和格式塔心理学认为人总是以整体的观点去认识局部，并通过将局部对象组织化和秩序化去完形整体的观念是相契合的。格式塔讲视觉的整体性，其简化原则意味着人的视觉具有简化构图，凑成一个完整图形的天然能力。简化意味着简单的边界、纯净的几何空间形态，是人的空间原型图示与空间形态的直接对应关系。这也解释了为什么规则的几何形状最容易为人记忆，比如方形、圆形和三角形等，人能通过心理的简单认知图示来认知空间并预测行为，所以具有稳定感和安全感。刘滨谊认为，智慧的头脑，一直对所能够稳定地把握住的某种几何形状，如方形和圆形有着反映。

古人以形态大为美，以巧妙为美。《历代名画记》中记载，"顾生思侔造化，得妙物于神会"，这里的"妙物"可解释为物的美妙形态。以对称为美，风景园林是一门由人的意志控制元素所造就的"艺术"。对称是最简洁、最有条理、最易于被认知的结构，体现出一种和谐感，所以它具有审美意义。

形态美在不同时间、不同群体、不同个体的评价中是有差别的。唐朝以肥、丰为美，而现代以瘦、简为美，但正是这种融入了社会、时代需求不断变化的形态美，才是拥有生命力的美，任何寻找永恒的形态美法则都是徒劳的。

4.3.2 空间光线的明暗度

自然日月之光与人造之光及其影子是赋予传统风景空间形态及透视的关键要素，而人对光的感受决定了空间的明暗度及明暗关系。从传统风景视觉空间的角度来看，观察点的光线应该是最暗的，景框是次暗的，中景是亮的，远景是灰的，通过设定多个明暗节点，然后营造节点之间的明暗梯度关系，才能构成一幅美好的视觉景观。

　　传统风景园林的明暗关系不像西方园林的明暗对比来得强烈，从中国山水画注重轻描淡写的青绿山水便能窥见一二，但其明暗层次却十分丰富。在风景园林中，明暗交替、错综复杂的树林象征人内心世界的复杂，光洁明亮的水面象征心理的平静，灰白暗淡的天空象征深远的未知世界。

　　光影的变化不仅勾勒了景观空间的形态与时态，还丰富了空间界面的复杂性和文化性，同时还可以强化建筑与环境、要素与要素、要素与场景的共生关系，以及光与影在空间的深度对话。在江南园林中可以找到许多光影运用的实例，彼墙漏窗的影子投射到此墙的漏窗上，一种虚幻，一种悬念，同时窗外不远处的自然景物依稀可见，这又是一种现实自然的悬念，斑驳的窗影，树影洒落在地面或白墙上，不仅创造了一种有趣的视觉图案，而且蕴含了一种文化美学；你中有我，我中有你，相映生辉，树影投向黑灰瓦楞，白色墙垣，青灰色石板路，波光水面，使庭院中的树、水、石、小筑和园路多了一层关联。空间中的阴影，阴影中的空间，增加了神秘感，同时融为一个有机时空的整体。正如陈从周在《说园》中写道："花影、树影、云影、水影……无形之景，有形之景，交响成曲。"如果景物与其阴影相对独立但关联在一起，我们不必去考虑这些阴影是怎样造成的，这是谁的阴影，这是怎样的物体，又是怎样形成的。这便形成了一种景物与光影的诗意对话，甚而加强某种场所的特征及其感受。空间中光线的明暗强弱变化可以塑造空间的不同情调与氛围（图 4-12）。这种戏剧性的变化同时丰富了空间中的序列变化，不仅有黑白系列，而且有彩色系列。除此之外，光影的塑造可以强化内外空间的关联性与层次性等。

图 4-12　明暗层次丰富的光影空间（南宁市青秀山）

4.3.3　色彩的变化

原广司说："对场所的色彩，应捕捉其变化。"墨西哥建筑师巴拉甘（Luis Barragan）相信，色彩是空间的一个构成元素，它可以使空间看上去变宽或变窄，变深或变浅。达·芬奇的空间透视观点认为，通过使绘画中出现的各种事物的色彩由近及远逐渐变淡的色彩梯度手法，可以产生出透视感。色彩还有助于增加空间所需的特殊效果，是划分领域感最重要的手段之一，是人类记忆的重要元素。人天生具有色彩敏感性，色彩的合理应用有利于加深人对空间的感知和记忆，从而成为划分景观空间领域的方法之一。

传统山水风景画是由一块块色块在透视关系上构成的，乡村的色彩是朴素的，笔者在调研中发现在传统村落中不会多于三种色彩：绿色的植被，原色的土壤，介于二者之间土灰色的建筑。乡村景观环境与建筑的色彩总是那么和谐一致，这是因为建筑材料都来自当地的土壤和木材，外表也不做多余的涂抹，因而色彩一致。

在空间中，色彩是用来强调空间特征的要素，以便突出它的距离、冷暖和材质等，并表达出空间划分。但村落中的色彩却多是比较单一的，通常在这种纯色环境之下颜色的微妙变化，都会成为区分领域的重要提示，如客家人围屋厅堂大门以红色为主色，厢房上的雕刻大部分以红色为底色。红色是火的颜色，具有兴旺、辟邪的象征意义，表现了客家人希冀家庭、事业兴旺发达的心理，也表现了客家人对充满活力的生活态度。除了红色，围屋雕刻彩绘还喜欢用其他颜色来渲染。

树林中枝干的黑褐色、土地的黄褐色、蓝色的天空、白色的云以及其他各种嫩芽花朵的少许色彩，共同丰富偏绿色的自然世界。在绿色的基调中进行色彩的平衡与调节，而且就算全部是绿色，在自然中也有深浅、浓淡、明暗和糙腻等不同的变化。

4.3.4　声音的丰富度与清晰度

《礼记·乐记》云："声成文，谓之音。"听觉空间是通过某种空间介质营造出听与被听的空间关系。从古诗词"留得枯荷听雨声"可知，声音一直是中国传统园林里比较重视的一种空间要素，且经常强调空中之音。曾奇峰依照《汉书·律历志》的描述，列出"五象之音"的五行关系（图4-13），即听觉在古人的观念中与其他事物的同构关系。这里，主要讲的还是单个声音给予人的愉快感受。

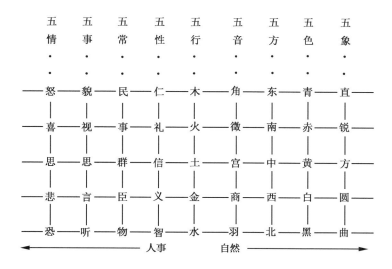

图 4-13　中国古人的异质同构想象

声音主要是依靠音乐的旋律和各种声音的搭配产生一种听觉与其他感觉产生联觉的奇特效果，即音符在特定时间内的运动或变化所形成的乐谱，产生审美快乐。当山脉起伏变化的轮廓线变化节奏、风声雨声读书声混合的节奏与某段音乐旋律同构的时候，音乐就会让人想起起伏的山脉，儿童摇头晃脑读书的视觉意象。

4.3.5　味道的更替

嗅觉空间即"品味"空间的意思，是对时空味道的感觉、体验和把握。明人朱承爵在《存余堂诗话》中说："作诗之妙，全在意境融彻，出音声之外，乃得真味。"可见，境（空间）与味有此即有彼。"疏石兰兮为芳""生香不断树交花"等诗句也体现了味与境之间的关系。

4.3.6　要素的可触摸度

古人对环境塑造讲究远观其势，近观其质。所谓观其质，一是要对空间要素的质感进行仔细推敲，埃德蒙·伯克认为美是来自物的某些性质，如细小、光滑、娇嫩；二是意味着空间要素的可触摸度。具体来说，就是使构成空间的要素尽量能为人所触摸，如材质肌理的触感、空间的温度、湿度、风和空气的流通等都能刺激人的触觉和嗅觉，产生令人愉悦之美。触摸材质的机会越多，触摸的感觉就越敏锐，触摸感知的种类越丰富，可触摸度就越高。

4.3.7 空间的转折度

空间的动觉美学可以追溯到 16 世纪的中国古典园林。复杂的空间布局和不断变化的场景持续地影响游园者的活动和情感。园林空间被刻意设计为与游园者互动的装置，空间通过墙、廊、树、水、亭、台、楼和阁等元素在多层面（包括视觉、心理和动觉层面）与人产生互动以创造丰富的空间体验。其中最为典型的园林设计原则如"步移景异"，就充分体现了这样一种动态空间的思维方式（图 4-14）。这种动态的园林美学也同样出现在静态的绘画之中，如中国画的散点透视，就是希望观者在静态的画面中能体悟到动态的空间变化。

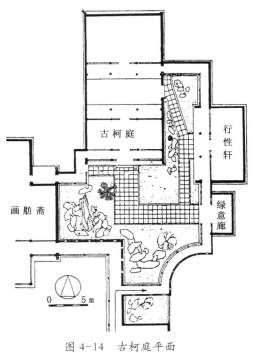

图 4-14 古柯庭平面
（图片来源：侯幼彬《中国建筑美学》）

中国传统园林里所说的"景"就如西方风景园林里所说的"画"。画在观者移动的透视中得以产生，它向外展开，并不断地与更大的部分合并在一起。空间的哲学包含了流动的地形，如画的景观是触觉的景观，触觉的运动是易感的，这如电影的场景一般展现了具体表象。朱莉安娜·布鲁诺认为，"如画"是动态空间经验的起点，它为西方现代园林的绘画和设计提供了新的方向。在这样的思维下，园林被组织成一系列的风景画，像移动的画面，以视觉叙事的形式展开。

奥古斯特·斯马苏从方位的角度开始研究空间与身体的关系。他认为，空间的创造基于我们身体垂直的、水平的和纵深的轴线与空间的关系。由此，空间的朝向和方位被我们的身体所决定。人们用"延伸""宽阔"和"方向"形容活动的连续性，因为人们把自身的运动感觉直接转化为静态空间的形式。

人的动觉包括距离、方向以及高低起伏的感觉。人的动觉痕迹即路径，而设置路径则能对人的行动提示和指引，路径和人的动觉行为发生是相辅相成的。中国传统园林的游廊作为一种狭长的路径空间形式，貌似随意的形态其实为游人的视、听、嗅、触等景观行为提供了一个必然和偶然的暗示与导向。游廊强调游人视觉的感知和行为的偶然性，通过让游人自我定义和自我创造来激发游廊空间与游人行为以及周边环境之间的互动，游廊成为舞台，为其中的人与外部环境提供不确定的多样性互动，这使游人对周边景观可以更为深入地进行欣赏、品味、聆听、触摸和遐想。还可以通过抬高和设置不同地面标高，来营造不同视角的视线，增加人与人相互观看及交流的机会，增强人的直觉感受。

1. 转折次数和间隔

在日常生活中，人们需要连续性和可预见性，但也需要足够的"神秘性"和"复杂性"来保持他们观察周围的兴趣。有的西方学者认为，连续路径的曲折回转、高低起伏就能带来这种神秘性和复杂性。那么，首先要定义怎样才算转折。如图 4-15所示，假设一条弯曲的路上有 A、B、C 三个转折点，当人站在路径转折点 A 点上最外侧边沿处，通过 B 点看不到下一个转折最内侧 C 点时，这样在 B 点的转弯才算一次转折。

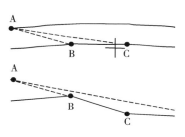

图 4-15　转折的定义
（图片来源：侯幼彬《中国建筑美学》）

路径转折次数较多及视觉焦点的有意设置，使风景空间呈现多样性和韵律感。传统山水园林自然环境优美，文化氛围浓郁，建筑尺度宜人，因此路径规划要非常注意对自然、文化、建筑景观的取景、障景与借景，从而形成丰富的景观视廊。

2. 连续度

通过巧妙设置景观路径和景观节点来保证景观的视觉连续性，强化视觉对景观空间的直接感知，从而形成一个完整的视觉空间意象。这种视觉连续性有两种：一种是时间上的连续性，即人以连续的、运动的视线去体验空间，这有点像用文本来再现影像记录特有的叙事性和连续性，如视觉图像在文本中呈现时间间隔较小的连续性，路径空间就像小时候玩的翻页动画一样来呈现出景观节点的连续性，从而形成生动的情景空间。另一种是空间上的连续性，像柯林·罗在《透明性》一书中所说，站在一个位置同时对一个纵向或横向序列的不同空间位置进行共时性视觉感知，这有点像长轴的中国山水画通过散点透视形成的平铺叙事性画面，画面内的空间相互渗透、重叠、远离，使空间之间产生看与被看的关系，当这种关系在视觉上形成连续时，会产生大于物理距离的空间距离感。

4.4 结语

　　本章主要表述了审美感受源于生产与生活的直接感受，人在日常"体物察形"的时候就孕育并产生了直接的审"美"感受。人通过对生产、生活相关的外部物理空间的"直接感知"与"审美反射"来构筑直觉风景空间，本章强调了三个结论分别是：其一重视空间细节以强化人的感官能力，依赖于此展开风景空间设计；其二为忽略结构与规则，让自我沉浸到物的海洋中去体验，充分调动（放大或剥离）身体感官去感知物的形态美；其三是物的形态美是一般的，对其的评价标准也是一般的。

第 *5* 章

言形见象：从审美行为到意象含蕴

5.1 言形见象的心理审美图式

在中国传统审美活动中，"由形入神""缘心感物"是"神与物游"的双向过程，都是通过"神会"，即"由观到悟""言形见象""顿悟见性"这一心理体验过程而得以实现。其中，"观""悟""见"是心理审美的方法，"形"是心理审美的内容，"象"是心理审美和知觉认知的结果，而

图 5-1　言形见象的心理审美图式

"善"是心理审美的目的，中国人对世界的认知在这里形成一套情感交融的表象审美图式（图 5-1）。

如果说直接感知行为具有广泛共存的一般性，那么心理行为则是唤醒特殊性的主要途径。审美心理行为是由人一般的审美反射转向特殊的审美认知过程，这个过程属于审美的第二个阶段，即高潮阶段。这个阶段分为两个主要的环节：一是审美知觉以及由这种知觉活动造成的情感愉悦；二是审美的特殊认识（情感、

想象和理解等共同展开）以及由这种认识造成的理性满足。这个阶段是一种由潜意识转向有意识的认知行为，是情感与理性混合后悦心悦性的产物。夏之放在《论审美意象》中认为，审美意象是文艺学体系的"第一块基石"。

5.1.1　气与象

"言形见象"是中国人审美意识的第二阶段，即由以片段的感性愉悦为主，发展为向物取"形象"的感觉感知阶段再转向以意会之，由心取"象"的综合心理认知阶段。"形"与"象"都有其外在表现，但"形"有固定的形体，而"象"没有。石涛在《画语录》山川章里说："风雨晦明，山川之气象也。"这里，山川有形，"风雨晦明"的"气象"亦可见，但这种气象却无形。这个阶段与前一阶段以感性愉悦为主的审美意识相比，最重要的区别在于伦理的、文化的、社会的、个人情感的因素进入了这种意识中，使"形象"转化为情理相依的"意象"。"善"在这一阶段成为审美意识的核心内容，这里的"善"是伦理的"礼"、社会的"和"、文化的"精"等。

中国传统文化认为，作为客体的"物"除自然之"器"外，还有一个基于宇宙的基本物质——"气"的存在，天地之间都充满着阴阳二气，万物都由阴阳二气交融感化而生。《礼记·乐记》云："地气上齐，天气下降，阴阳相摩，天地相荡，鼓之以雷霆，奋之以风雨，动之以四时，暖之以日月，而百化兴焉。"其认为"气"是化生万物的元素，是推动天地万物运动变化的无形力量。如果说物由空间要素构成，那么"气"就是推动空间要素相互影响、相互关联的结构动力及力场产生的空间氛围。自然的"器物"于东西方是同质的，但化生天地万物的"气"却是东方所独有的。这种"气"可以解释为自然之"野气"，生活之"生气"，个人之"意气"，社会之"风气"。器必须被赋予"野气""生气""意气""风气"并转化为某种气场（氛围）才能和"形"称为相对存在的"用"空间。被原生的自然环境、建筑、家具、人等"器物"所容纳，从"气"空间中剥离出来的"气场""气味""气息"等都是由地景中孕育出来的。其中，"气场"以一种清晰可辨、原生的整体状态存在于意象性的景观空间中。中国古代认为，"气"是一种介于形与神之间的空间介质，山水园林里的"气"物化后成为形，而"象"物化后则成为云团、雾霭、烟气、山风等不可见却可感的"气象"。

象是佛学用语，分为象外与象内。象内即目睹之形，象外即心领之意，即"象"周围的虚空。象是形与意沟通的媒介。《周易略例·明象》记载："尽意莫

若象，尽象莫若言。言生于象，故可
寻言以观象。象生于意，故可寻象以
观意。"由此可知，象是言与意观照的
媒介，是通过异质同构、异域同构的
"类比"从而达到"言"与"意"互译
的直观思维，如诗如画。郭熙在《林
泉高致·山水训》中说："真山水之云
气，四时不同。春融怡，夏蓊郁，秋
疏薄，冬黯淡。画见其大象而不为斩
刻之形，则云气之态度活矣。"由此可
见，"形"与"象"都是可见的，但
"形"有固定的形体，"象"却没有，
所以"象"往往又被称之为"气象"
"现象"或"大象无形"。南朝画家宗

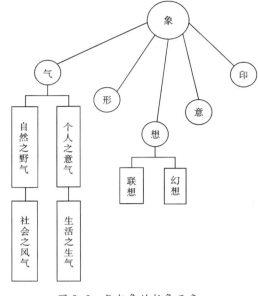

图 5-2　气与象的抽象示意

炳云："老疾俱至，名山恐难遍睹，唯当澄怀观道，卧以游之。"这很形象地点出
了"象"之所在。象是存在于主体记忆里真实为我所有而外物不能夺的意象，能
在形的刺激、诱导下得以照亮。曾奇峰认为"原型"具有"象"的特征，是脱离
了单纯的外物规定，而成为"活的形式"。气与象之间的关系可见图 5-2。

　　总之，意象空间由"形"与"象"所构成。从心理认知过程来看，形在象之
前，而意在象之后。中国传统审美感受是一个否定之否定的平行过程，用《周易
略例·明象》解释，即"得象而忘言"，而后得意而忘象，即忘记机巧而寻求真
意乃大美。

5.1.2　神会

　　古人认为，审美必须神会，或曰神遇。所以，中国古代杰出的艺术家历来强
调掌握艺术的本质要靠神会，如石涛所言："写画凡未落笔，先以神会""山川与
予神遇而迹化也"，《历代名画记》中记载，顾恺之的画作"顾生思侔造化，得妙
物于神会"，意思是说只有心领神会才能发现事物美妙的形象和象外之妙。

　　神会包括以下几个特性：①"神会"是个超感官的过程。虞世南在《笔髓
论》中讲："机巧必须心悟，不可以目取也"，意思是感觉只能停留于感性现象，
而神会是超现象的。②"神会"不是"以力求"的理性思考。《江陵陆侍御宅宴

集·观张员外画松石图》一文记载："若忖短长于隘度，算妍媸于陋目。"指的是理性思考，这被唐代文学家符载视为"绘物之赘疣"，可知"神会"不是耳目对形迹的观察和"推寻文义"的理性思考，而是发于形迹之外的心灵感悟。庄子认为"判""析""察"都是理性思考，而这种方法不能得到完整的天地之美。③"神会"是感性与理性相融合的心理体验。体验可以超越感觉，达到对事物本质的理解。但它又结合着感觉，没有抽象的逻辑思维，这不是一般的理性知识。这是一种既感性又超感、含理性而又非理性的心理活动。④"神会"是一个"比"的审美过程。"比"可谓之"比喻"，西方就此的修辞学术语有"明喻""隐喻""转喻""象征""拟人""举偶""寄托""外应物象"等。

　　"神会"（图 5-3）共分为三个阶段。第一阶段为"玄鉴"，老子认为，"玄鉴"是有意识地涤净心灵以置心若镜而"入静"，而后把人的感觉以心观照最终达到无意识的"入神"，这是中国古代审美开始阶段的心理活动。第二阶段为注重艺术创作的"神思"和注重艺术欣赏的"品味"。"神思"就如《淮南子·俶真训》中所言："身处江海之上，而神游魏阙之下。"神在形的感发下分离并自由翱翔，神思即想

图 5-3　入梦神会的一种方式

象；"品味"为体会，是"知味外之味"的体会。第三阶段为"妙悟"，即通过前两个阶段的构筑之后，悟出新的体会，得到了新的"道"，形成了自己新的理解。

5.1.3　移情

　　移情是一种寓情于景的手法，是一种积极主动的投射，使物我融为一体。这里提到的情，是人的知觉情感。在审美经验中情感分两种，一是被当作事物的情感性质的知觉情感；二是组成审美经验的诸要素（感知、想象、情感和理解）按一定比例配合达到一种自由和谐的状态，并产生审美愉快的感觉。后者将在第 6.1 节精神审美图式中进行详细阐释，在此主要讲前者。

　　知觉情感在美学中也被称为表现性。对此，美学界有三种主张：移情说、客观性质说、结构同形说。其中，结构同形说更为合理且与中国"天人合一"的理

念相契合。

　　"寓情于景"正如清人吴乔所云："景物无自生，惟情所化。情哀则景哀，情乐则景乐。"人的感情、情绪、意志和需求被带入景中，景成了"情"的符号，见表5-1。比如宋人冯多福好古博雅，在《研山园记》中记载，"悉摘南宫诗中语名其胜概之处"，给堂、亭、楼、房、池起雅名题咏来寓情于景。皎然在他的"辩体十九字"中提出"高、逸、闲、达、静、远、悲、怨、气、力"等情感元素，移情于文具体可见表5-1。

表5-1　　　　　　　　　　　　　　　　移情于文

作者	景语	情语（镌刻内容）
白居易	缘境	且共云泉结缘境，他生当作此山僧
白居易	琉璃	一条秋水琉璃色，阔狭才容小舫回
白居易	逍遥	谁知不离簪缨内，长得逍遥自在心
白居易	绮衾	嵩烟半卷青绡幕，伊浪平铺绿绮衾
刘长卿	东渡	稍见沙上月，归人争渡河
白居易	浮云	世如阅水应堪叹，名是浮云岂足论
刘长卿	道心	寂寥群动息，风泉清道心
白居易	绝涧	乱藤遮石壁，绝涧护云林
刘长卿	纤鳞	伊水摇镜光，纤鳞如不隔
刘长卿	千秋	山叶傍崖赤，千峰秋色多
李峤	流芳	群心行乐未，唯恐流芳歇
刘长卿	夜泉	夜泉发清响，寒渚生微波
李白	萧瑟	桂枝坐萧瑟，棣华不复同
白居易	彩橹	翠藻蔓长孔雀尾，彩船橹急寒雁声
白居易	轩骑	轩骑逶迟棹容与，留连三日不能回
白居易	空山	空山寂静老夫闲，伴鸟随云往复还
白居易	锦绮	嵩峰余霞锦绮卷，伊水细浪鳞甲生
杜甫	月林	阴壑生虚籁，月林散清影
白居易	倚天	香山石楼倚天开，翠屏壁立波环回

　　资料来源：上海刘滨谊景观规划设计工作室提供。

　　中国传统诗歌中"缘情感物""即景会心"的移情理论就是对于审美对象的欣赏活动移入自身情感的观照，是人在特殊的场合借助特定的物质对象而产生

的，这对中国传统的风景感受影
响较大。唐代诗僧皎然的诗论著
作《诗式》《诗议》在整个中国
诗歌理论史上都具有极其重要的
地位，尤其是其"意境"说，对
后世影响相当深远。关于"意"，
他认为诗歌要采用"赋、比、
兴"的手法，即"取象曰比，取
义曰兴；义即象下之义；凡禽鱼
草木，人物名数，万象之中意类
同者，尽入比兴"。他通过概括

图 5-4 寄情于景（南宁市青秀山）

田园山水诗派的艺术经验，强调从真情实感出发，自由自觉地驾驭艺术形式，把
诗人的内心感受通过"情""兴"表达出来（图 5-4）。

"情""意"乃人之神，这里的"神"是指人的精神、神思。在景物与情之间
"情为主，景为宾"。"情"用西方心理学解释就是人类情感，用东方的语言来讲
就是情志，咏物造物必直达人之情志，方有意味神韵，才能使人触景生情而"感
时花溅泪，恨别鸟惊心"，或被"专作情语"而感动。由古人的"发乎情，止乎
礼仪"以及今人的"动之以情，晓之以理"可知，情动的最终目的是求得情与
礼、理相合的"善"，"善"可以互训为"和谐""多变""有节"。

5.2 审美心理行为模式

中国传统审美心理行为是一个由物到心的阶段性过程，即人在建立直觉空间
的过程中卷入了"神会"的认知行为。那么中国传统的审美心理行为模式就应该
和人的心理认知过程相匹配，这个"人"是一个古者、今者与来者的综合指代，
这里的"心理认知过程"即注意—记忆—思维—想象的相互影响过程。

5.2.1 "象—体—意"的审美知觉模式

叶朗在《中国美学史大纲》中概括了一幅审美意象理论结构框架图，风景感
受是一个完整的"象—体—意"的心理认知和生理满足的过程（图 5-5），是人

的一种主动构造能力，即由"象"到"体"，这是由经验内容而形成的经验框架；由"体"而"意"，是从可以分析的框架到不可言说的意识整体，是外在形式结构与内在情感模式的契合过程，简单来说，就是言形见象的过程。人通过感官（视觉、听觉、嗅觉、触觉、动觉）对自然环境、聚落、建筑等经验物象进行有意识（期望）或无意识地接受信息刺激→产生有意识的注意与期

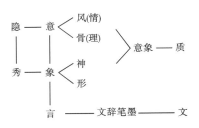

图 5-5　审美意象理论结构框架

待→唤醒人对过往的记忆（图式、意象、偏好、经验等）→通过思考、想象得以理解、产生情绪并满足生理需求→保持并修正记忆框架→产生空间期待①（动机）→开展有意识的空间认知、复制与创造等行为→有意识或无意识地接受信息刺激等反复体验认知学习的过程。由此，审美知觉隐藏着观者的全部生活经验，如信仰、偏见、记忆和爱好等，从而不可避免地有着想象、情感和理解的参与。

5.2.2　"无意—有意—有意后"的情绪唤醒模式

环境心理学家梅拉比安和拉塞尔等认为，人在环境中的行为取决于环境信息对其情绪的唤醒。人的情绪由形式和强度两方面组成，人对直觉空间的认知和评价决定了情绪的形式，而情绪的形式（喜、怒、哀、惧、爱、恶、欲和漠然）决定了行为的性质（即积极或消极的）及行为主体与环境的关联程度（动或静），情绪的强度则是主导行为动作强弱程度的因子。如《礼记·乐记》就乐与人情绪之间的关

图 5-6　龙门石窟世界文化遗产园区诗文景点设计
（图片来源：上海刘滨谊景观规划设计工作室）

系总结出哀—杀、乐—缓、喜—散、怒—厉、敬—廉、爱—柔这六对关系，其自身的强度与二者之间的关系决定了音乐的好坏，具体项目可见图5-6。

---

　　① H. R. Jauss 指出，读者接受以原有的、由经验积累构成的期待视野（horizon of expectation）为前提，接受是历时的和共时的效果之统一。

景观空间的唤醒水平（Arousal Level）决定了情绪的强度，随着唤醒水平的提高，会产生情绪上的变化和体力活动的增加，中等程度的唤醒水平下的绩效最优[1]。凯普兰夫妇也认为确定性因素与不确定性因素达到某种平衡时，人们对环境的偏爱程度最高[2]，唤醒水平也就最高。他们认为人对环境的偏爱依赖四个维度，即连贯性、易识别性、复杂性和神秘性，并提出了环境偏好矩阵[3]。林玉莲认为复杂与神秘的刺激增加了环境的不确定性，提高了观察者的唤醒水平。连贯性和易识别性有利于观察者对复杂环境的知觉组织和理解，从而减少不确定性，降低唤醒水平，在不确定性与确定性达到某种平衡的环境中才能使观察者既不失控制感，又维持探索的兴趣，即达到最优唤醒水平，获得最受偏爱的环境。

对于景观空间来说，空间以有形的物质存在（象）和无形的心理图式（境）叠加存在。唤醒度的高低与心理认知和空间评价的程度有关，与人的心理需求通过"行为模式—心理图式"的耦合程度的高低有关，与空间的信息输入和行为模式的输出这对过程关系能否顺利进行有关。唤醒度受到情绪的影响，而情绪的发生受心理认知过程是否完整、空间氛围和信息提示是否和当时的心情吻合等多种因素的影响。

唤醒要建立在感觉感知的基础上，其中主要是与人的视觉、听觉、嗅觉、触觉和动觉等注意度有关。一般根据产生和保持注意时有无目的以及意志努力程度的不同可以把注意度分为三种类型：无意注意（事先没有预定目的，也不需要做意志努力）、有意注意（有一定目的，需要做一定意志努力）和有意后注意（事先有预定目的，不需要做意志努力）。由此可划分景观为无意注意的景观、有意注意的景观和有意后注意的景观。

1. 无意注意的景观

这种景观往往是放在身边的景观，需要受过训练、善于发掘美的心灵来体验。由此可知，人需要一个有适度刺激的空间，这无需额外的内心活动，利于达到忘我的放松境界。

2. 有意注意的景观

这种景观要有某种提醒或提示，经过观者的主观努力，当景观、提醒或提示、观者的某种心理图式三方达到契合后，景观才得以生成。这就是有意注意的

---

[1]　MEHRABIA A，RUSSELL J A. An Approach to Environmental Psychology[J]. Behavior Therapy，1976(1)：132-133.

[2]　MATSUOKA R H，KAPLAN R. People needs in the urban landscape：Analysis of Landscape And Urban Planning contributions[J]. Landscape and Urban Planning，2008.

[3]　KAPLAN，RYAN. With People in Mind — Design and Management of Everyday Nature[M]. New York：Island Press，1998.

景观，人们需要在一定意志努力的认知过程中得到心理的愉悦。

3. 有意后注意的景观

人们在到达景观之前就已经预先知道那里有一个景观点，只要精心设计景观视线、设定适宜的景框提醒、提前阅读风景园林的旅游地图或其他辅助媒介，就必然能看到预先设定的景观点。

5.2.3　立象

"圣人立象以尽意"，象成为通达意的主要途径。"象"在中国古人眼中是在客观物刺激下产生的寄托了思想情感的主要形象，是一种情感化、抽象化了的物质形象，具有形象性、主体性、多义性、直观性和情感性等特点。如《周易》云："仰则观象于天，俯则观法于地"，这里的象可以指气象、心象，但其实都是寄托了人的主观意愿的想象。古人立象的目的是尽可能完全地传递"意"，以便减少中间环节带来的信息增减，从而干扰了意的获知。

立象的方法就是"比"，《诗式》谈到"取象曰比，取义曰兴"，点明中国古人对象往往是用情感去类比，如"枯藤老树昏鸦"是悲伤情感的表达。

所谓立象就是营造意象（心象）空间的意思，在西方语境下的解释就是构建物我两分的心理空间。心理空间是由心理图式建构的空间，其和物理空间与行为空间应尽量保持同构。心理是人的内隐行为，心理图式必然也是内隐抽象地存在于人的记忆、思维与想象之中，要分析心理空间就得借助抽象的心理图式与直觉空间相对应才能显现出来，即在直觉空间基础之上通过心理认知，建构空间的核心、领域、边界这样的认知概念，再寻找这些空间认知概念的内外距离、方向、路径的空间认知关系。如此，由空间认知概念及其关系集聚而成的网络关系就构成了意象空间（图5-7）。进而可知，中国传统风景的意象空间是由

图 5-7　里耶古城国家考古遗址公园规划总平面图
（图片来源：上海刘滨谊景观规划设计工作室）

象—概念、气—氛围共同构成的对直觉空间的心理认知。

1. 象与符号

立象中的"比"，或曰比喻，用西方的逻辑语言讲就是设置符号[①]来传达意义。符号以一种模糊的、抽象的、片段的意象存储在人的记忆中，如意大利符号学家艾柯所说，它是一种内容雾状体，符号的认知与解读有赖于个体记忆程度的深浅，这种深浅的微妙关系依赖于不同情境下的人的感官和情感体验。多样化的隐喻思维通过渗入使人类的想象处

图 5-8　符号与空间（南宁市青秀山）

于结构组合关系的不断突破中，并赋予符号以新的意义（图 5-8）。

香港学者顾大庆认为，当空间具有图形的品质时，空间才有意义，即"由形至象"才能完成。空间形态不但包括空间的形式、位置等，还包括空间中的人对空间的心理反应与认知，以及由此而产生的主观空间形态。景观空间的形态因其突出的视觉特征而具有符号性，如同人们一看到三角形就会联想到金字塔一样。

就像布莱恩·劳森所说，空间是种语言，一个个空间按时间顺序排列，构成"推论的符号"[②]，它作为一系列空间概念和关系图式可以长久、动态地存在于人的记忆之中。任何事物要成为空间符号就必须要求它与人的空间概念和关系图式相适合，唯有如此人们才可能通过符号而获得意义。这就涉及符号的"共享"及"公共信号库"建立的问题。对此，可用传播学的经典模式——"宣韦伯的传播模式"来加以解释。在这里，符号是被双方所"共享"的，尽管符号本身是客观不变的，但对于双方的理解而言，它们不可能有完全相同的含义。因为二者的文化观念、审美观念、价值观念、欣赏水平以及心理素质等有很大差异，并且人们的生活经验、专业知识以及考虑问题的出发点也不可能完全相同，带着这些差异进入传播关系时，自然在各自心中对符号意义的理解也会有很大差异。因此，要使传播顺利进行，使符号真正被共享，就必须建立双方统一的"公共信号库"，在这个"库"中，

---

① 腾守尧.审美心理描述[M].成都:四川人民出版社,1998.
② 苏珊·朗格认为符号分为"推论的符号"和"表象的符号"两种。

双方各自的符号能够在某种程度上相吻合、相一致，也就是说有"共同语言"。

符号依附于空间界面，从而渲染出空间的情感。形状和颜色组成的具象符号体系在很早以前就已经成形，且在文化认同的领域内成为固定模式并被广为流传。比如由一些带有吉祥寓意的图案寿、双喜等构形，用当地材料制作的花窗。这种以符号流传的模式比任何一种模式都更容易让人牢记，同时在某些情况下可使人重新回忆起来，并以当时当地的特性加工而描绘出来。

空间是社会关系、政治权力、经济利益的象征和载体。

空间形态的符号性既来自人与自然的天然关系，如"仁者乐山，智者乐水"，山、水在某种意境下分别成为仁者、智者的代表符号；同时，空间形态的符号性还有来自文化习俗约定俗成的一部分。当空间形态符号化后就成了景观符号，符号化的动力一是来自人与自然的天然同构关系；二是来自文化习俗约定俗成的一部分①；三是符号有时候是情绪显现或身体姿态的痕迹。

聚落是根据"符号"变形的原理形成的，那么可以将一个符号分解为更小的符号集合，从它的更深层次来把握这种差异。符号坐标系并不泛指某种单纯的静态形状，而是在对某种新的价值观或事物进行思考时出现的动态框架。乡土空间形态的重复性再现并不是受制于外部规则的约束和限制，而是生发于对建设行为的规矩熟悉程度。吴良镛在《人居环境科学导论》里谈到道萨迪亚斯（Constantinos Apostolos Doxiadis）的理论时，将聚居归结为下列三类：圆形、规则线形、不规则线形三类②。由于采用几何图形来表示平面形状，不外乎有圆形、方形、条形、三角形、梯形、环形、放射形、格网形等类型，或者用点状、线状、面状等表示。

符号作为空间的提示，形象具有多样性与变异性，更多地表现出中国的民俗与民风，如具象符号的动物形态：坐、舞、蹲着的青蛙和门两边蹲着的狗（辟邪，挡住煞气）等等。这些都体现了老百姓意念心性的造型手段和群众性的参与方法，这些符号构成了乡土建筑空间微格局的特点。

阿恩海姆认为，建筑的体验在本质上都是象征性的，设计者应记住建筑的意志是创造相对论世界观的空间隐喻。在许多人的眼中，现代空间象征的是积极、进步的意义，而传统空间象征的是封建、负面、迂腐、压抑与绝望的意义。我们应纠正这一具有偏见色彩的空间认知，这也亟待去研究的。

---

① 文一峰.建筑符号学与原型思考——对当代中国建筑符号创作的反思[J].建筑学报,2012(5):89.
② 周光召.历史的启迪和重大科学发现产生的条件[J].科技导报,2000(1):8.

5.3 意象空间模型

　　物理空间在重概念（符号）、重逻辑、重体系的理性分析下，会被知觉理性分析成几何空间。如刘滨谊把物理空间抽象为 x，y，z 几何构成的"风景环境信息时空分布框架 F"，它由空间分布 q 和时间序列 T 进行物理模拟和数学描写，不同尺度的空间，其结构和划分密度有所变化，具体包括：①与地景相对应，其主要信息以平面分布和四季变化为主，框架 F 结构为二维网络，森林、水域、土地利用现状、景观元素种类及其面积百分比等信息在分格密度为 30 m×30 m、时序间隔 Δt 为 1 个月的网络中进行采集与描述；②与场面相对应，在风景区空间规划工作中，其主要考察的风景环境信息以空间分布及二十四节气变化为主，框架 F 可取三维网络中山石、树木、溪流、明暗等环境信息，分格密度可取 20 m×20 m×1 m～5 m×5 m×0.5 m，时序间隔取 $\Delta t = 15$ d，即以 10 m×10 m×1 m 的空间格网密度，对同一风景规划区每隔 15 d 左右收集一次风景区环境信息；③与物境相对应，在风景序列组织设计工作中，其所要考察的是随时而变的风景环境信息，此时所考虑的问题更为深入细致，信息模拟应尽量符合环境的真实细致程度，因此，风景环境信息分割密度取 10 m×10 m×1 m～5 m×5 m×0.1 m，时间序列间隙取 Δt 为一天中的不同时段，如取 $t_1 =$ 早晨，$t_2 =$ 上午，$t_3 =$ 中午，$t_4 =$ 下午，$t_5 =$ 黄昏等。

　　凯文·林奇认为，空间不仅仅是容纳人类活动的容器，而是一种与人的行为联系在一起的场所，空间以人的认知为前提而发生作用。人并不是直接对物质环境做出反应，而是根据他对空间环境所产生的意象而采取行动。因此，不同的观察者对于同一个确定的现实有着明显不同的意象，由此而导致了不同的行为。因而他提出意象的要素具有三个方面：认同性、结构和意义。凯文·林奇通过广泛调查，基于认知心理学的基础上，提出了城市意象的五项基本元素。

　　上述讲究建立时空信息框架的几何空间和空间概念认知的城市意象方法，以及讲究拓扑结构关系的心理空间的理性分析方法，如何以"取象"思维方式和"尚象"文化传统为审美背景，并与感性的中国传统审美感受分析相对照，这成为难点和重点。人通过心理认知行为对初步感知到的、片段呈现的"美"的直觉空间进行有序的整体性把握，甚至在对这一完整形象所具有的种种含义和情感表现性的整体把握后，直觉空间就转换成了意象空间。尽管物理空间是相同的，直觉空间是相似的，但意象空间是由人的能力、欲求、经验、性格而有所差异，甚至千差万别。意象空间在直觉空间上的显现类似于西方的理性几何空间，相同点在于它们都希望构建一个整体性框架。当然，由于人和环境的时空转变，"发于情，而止于礼"的意象空间与纯粹理性的几何空间必定是不一致的，对意象空间用拓扑结构关系进行描述更为合理。直觉空间在东方重比喻、重联想和重诗性的心理认知下，以"按意以入象，按象以就意"的方式将"半抽象"[1] 直觉空间作为意象空间，类似于 N. Schulz 提出的理论空间（认识的、抽象的）。它与直觉空间的不同点在于，其是"比附象征""引而申之""触类旁通"的，其目的不在于对物的信息的理性提取，也不在于对空间要素在某种概念框架之上的感性定位，而是一团表达人的空间意象的概念集群通过诗意的结构聚集而成为一个审美连续体。意象是审美层次的中间境界，即物我合一的自我境界，讲究意象美。

5.3.1 空间的多中心

丰富的空间形态对于人来说难以清晰地记在心中，人必须通过一种情感符号来知觉化、抽象化丰富而感性的空间形态。对于西方传统景观空间来说，中心更多的是显性的视觉中心，是空间形态的中心且位置固定。而对于中国传统风景园林来说，中心更多的是精神中心且位置飘忽不定或多有变化，是藏在人们记忆中的中心性，如龙门石窟世界文化遗产园区就有如此丰富的空间形态，其园林体系构想如图 5-9 所示。

设定景观中心即风景园林里主从与重点的问题，是主从景区、景点以及景物划分的依据。建立在个体"体物察形"直觉空间之上的中国传统风景空间必然是多中心的。自然环境地理空间的景观中心何在？坐在充满家具和摆放着杂乱物品的卧室或书房的墙角，呆呆地对着电脑，时不时抬头，目光穿过窗户望着外面嵌着一块块玻璃的混凝土楼房，思索着自然地理空间的景观核心到底是什么。百思不得其解！走出房门，来到一片有山有水的野趣滨水公园，看着微风拂动的小草，闻着泥土的芬芳，听着小鸟的叫声，漫无目的地自由穿行于林间草丛中，突然领悟到自然环境空间的核心其实就隐藏于无处不在的自然环境中。那么，自然的中心就是一切存在的自然物吗？是的，对于每个人来说，一切能引起他的注意且能使他长期关注并感到愉悦放松的自然物都是他心目中的空间核心。当

---

① 多指艺术类，是介于抽象和具象之间的一个艺术类别。

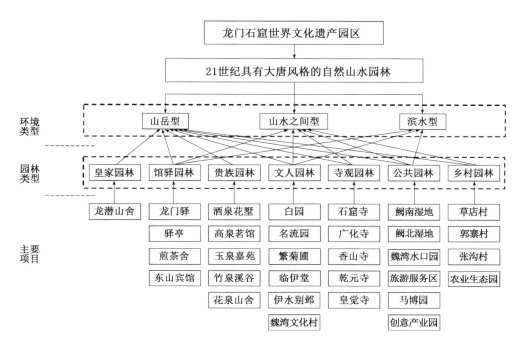

图 5-9　龙门石窟世界文化遗产园区园林体系构想
（图片来源：上海刘滨谊景观规划设计工作室）

然，自然作为一种自身具有空间结构等级序列的现象世界，有些自然物自身具有的特性和位置结构与人类社会的核心图式相同构时，就会成为群体认同的景观核心。

1. 形态中心

中心首先是一个空间位置中心的概念，即平面空间或立体空间的位置中心。平面空间的位置中心通常以点或线的形态出现在画面中央，如视觉焦点或视觉轴线。立体空间位置的中心多是一个兼顾多个方向的空间多面体，这样有利于景观中心对周边的控制。空间核心是景观空间生成、发展的动力源泉，也是空间形成秩序的起点，对景观空间结构起着控制作用。

中心还可以是以多个关键活动地点相连而成的空间轴线或产生对称形态的构成轴线，空间轴线（动线）和构成轴线（静线）可以重合，也可以分离，从而引起人的空间感受与空间氛围之间的契合与差异。柯布西耶说："轴线使建筑具有了秩序……确定秩序就是决定轴线的序列，即确定目标群的序列和意图的序列。"

空间作为一个抽象存在的概念，是匀质的，只有当物或人去围合空间或占据空间位置时，空间才会成为非匀质的空间，并由人的认知去界定空间的核心和边界。在此，笔者把由物占据的空间核心称为"实"的景观核心，把由人占据的空间核心称为"虚"的景观核心。实的核心由固定或半固定元素所构成，能被人的感觉器官所感知，如具有标志性的建筑或构筑物。虚的核心是指由非固定元素所构成，能被人的心理所感知，由空间的向心性或人的注意力集中处所指示出来的中心，如"寨心"是建寨时预留出的一块较大的空地，形象较为简单，或是一块石头，周围有几根木桩，或是只有木桩，或是用篱笆围成一个土台。

2. 视觉中心

风景园林场景空间的核心之一是景观，是一个视觉中心的概念。某个物理空间在其环境中往往因形象与众不同、色彩突出、相对较高而成为景观控制点，各景观控制点之间相互连接成景观控制线，从而影响景观空间的运动趋势，并发展为景观轴线或者运动路径。通过对视觉中心之间的景观视线分析，对厘清景观空间结构，营造组景式风景构成①大有帮助。

景观空间视觉焦点的建立其实是寻找"视觉中心"的过程。如在自然景观空间格局中，山头因其稳定、高耸、开放、超常规尺度的视觉形态而成为景观空间的外部视觉控制点，即"视觉中心"。

当然，视知觉是具有高度选择性的。在一定的场内，我们总是有选择地感知、注意一定的对象，而不是明显感知所有的对象，随着注意力被锁定，有些对象突显出来成为图形，有些则退居到衬托地位成为背景。以门窗为例，门窗在传统风景园林中是被赋予景观层次感及景色诗情画意的重要设施，门窗通过框景成为中景；园墙上题有象征园主性格、身份或家风的匾额就是前景，而没有文字的墙体则成为背景。

物体要成为视觉核心，首先要具有视觉形态上的独特性和易识别性，即在环境中能轻易识别出它，从而成为人寻址、定位的依据。当然如果标志物的位置恰当，它能确定并加强中心的地位；而如果它的布局发生偏离，容易造成误解。因此，要使某物成为标志物，必须具备以下几个特点：①可视性，使元素处于视觉突出的位置，在较大的领域范围内都能被看到，这样的标志物一般都处于需要进行选择的道路连接点，有利于从多角度对该元素进行审视。②图底性，使相邻元素相互形成局部对比，成为物理或心理图底关系上的图形，具有与周边环境极大

---

① 侯幼彬在《中国建筑美学》一书中认为，建筑意境的构景方式分为三种：一为组景式构成；二为点景式构成；三为观景式构成。所谓组景式构成，指的是在建筑意境结构中，建筑起着组织景观空间环境作用的组构方式。

反差的空间体型，增加标志物的可识别性，比如外形新异、对比最强、形状呈现凸形的鼓楼；或者是被大家心理所认同的宗祠；或者是在与周围环境相比较中，位置最突出的出挑阁楼；或者是有文字点题的门牌坊等。这些元素均容易成为人的识别空间，进行空间定位的依据，即标志物。③符号性，具有能被人通俗、简单描述的符号特征（图 5-10）。

3. 行为中心

行为空间的第三个核心概念是仪式，是观念，具有较强稳定性。仪式空间具有教化功能。传统文化通过人从孩提时代就参与的仪式长期内化于他们心中，成为他们的朴素哲学观和行为准则。

图 5-10　单一中心的景观空间
（南宁市青秀山）

《礼记·典礼下》有言："天子祭天地，祭四方，祭山川，祭五祀。"其中的"五祀"，即户、灶、中雷①、门、井。从中看出，古人认为天、地、山、河、方向等因为其形象的独特性和神性的文化赋予，而被古人一直视为自然环境空间的核心，大门因为代表主人的身份而成为核心；大梁因为人的习俗文化赋予而成为核心；户、井、灶、中雷是建筑空间的核心，而人的活动把它们相互关联成为一体。

场景空间核心是一种态度、行为和仪式。对于传统风景园林来说，生产生活是随着季节而稳定变化的，其场景空间的核心也必然随着季节的变化而变化。场景空间的多变性导致其核心多由半固定或非固定的环境元素所构成，可以是某种具有象征性的标志物的位置占据，也可以是促使人进行向心性聊天、引人凝视深思的事件。

场景核心是场景空间得以产生的动力。

行为中心是人们共同意象的产物，对人们产生并维持相互认同的价值观具有很大帮助。在现代空间设计中，虽然有形象突出、空间庞大的形体中心，但由于缺少足够的认同感而很难成为人们心目中的精神中心。缔造核心首先得赢取所服

---

　　① 中雷:指室的中央,指窗,指后土之神,指宅神。

务大众群体的认同，虽然大众群体包括熟悉本地情况的群体和不熟悉本地情况的群体，但人的情绪大多会受到空间氛围的影响，在本地人的带动下，外地人也会很快受到空间氛围的感染，从而产生认同感。因此要对核心空间进行原真性保护或即使进行改造，也只是展开微小的改造，尽量不要触碰或破坏太多的现存空间，将精神空间转换成更高层级的冥想空间，让人在其中反思冥想。

4. 中心的关系

阿恩海姆从 1 个点→2 个点→3 个点→4 个点→ N 个点的相互关系来解读空间的起源和生成的过程。一个空间单元由一个核心点促成，在内外因素的作用下，由一个空间单元点演变成两个互补的空间单元点，又由两个空间单元点聚合成为空间单元点群体，这就是由内部到建筑到聚落到城镇到风景园林的空间生长含义。

在景观空间里存在着不同强度的控制点，有的控制点具有极强的感觉、知觉和精神控制力与吸引力，成为景观空间的主核心，而其他则成为该景观核心领域里的景观节点。这些点使人产生朝向中心或向中心移动的动态趋势，景观空间核心点力量的强弱等级及其关系从某种程度上决定了景观空间的布局。

物质空间、直觉空间、意象空间和意境空间并不是等级分明的递进关系，而是一种相互包含渗透的平行一体关系，这也是中国传统文化讲究"天人合一"的体现（图 5-11）。

图 5-11　建筑与自然领域和谐共处
（图片来源：陈从周《园综》插图）

5.3.2　和谐的景观空间领域关系

景观空间领域是由具有相似和连续的客观物质形态、光线、色彩、声音、味道、质感和行为等物质属性复合而成的物理空间区域，在此基础上通过主观建构成形域、光域、色域、声域、嗅域、质域以及行为领域这样的直觉领域划分，最后形成由上述多种感觉域自身及其复合而成的由中心—梯度—边缘的景观空间知觉领域层次。每个中心都有自己的领域，多个中心领域既交叉又分离地共同构成了景观域。

由此可知，领域是景观空间存在的基质，用面积、体积与密度作为单位来定义，那么景观空间的核心和空地的领域面积、体积和密度是多大呢？它们之间的比例梯度关系又是如何才能创造出适宜的景观意象呢？可以用模糊的心理量度来界定。如图 5-12 所示的景观小品，虽然视域内容丰富，但竹篱笆边界

图 5-12　南宁市青秀区南阳镇的景观小品

及周边环境的空间受到限制，地板材质的不连续使该空间的场景氛围较差，让人难以全身心地去沉浸体验并激活其他感觉域，无法形成一个好的空间氛围，所以不是一个和谐的景观空间领域关系。

领域是人在物理空间中的位置分布与体积占据，它是因人而异的直觉行为和认知范围组成的宽广范围，以及与他人接触时二者之间保持一定距离的领域范围。通常被认为是一个或者一群人所占据的空间体积（面积×高度），如儿童或老人的领域、男人或女人的领域、陌生人或熟人的领域、公共或私人的领域、传统或现代的领域等。

如果忽略了人的空间领域需求，就会带给景观主体不适感，难以促成良好的景观行为。人的行为时空分布形成了场景空间的领域，空间和人的行为关系是一种互动关系，空间会约束和引导人的行为，而人的行为会产生和改变空间。有时候改变人的行为，会比改变空间更高效、节能、可行。只有在越来越精细的行为模式引导下，才会有精细的景观空间生成。

1. 形态协调性

景观空间形态，即景观空间领域边界所形成的轮廓。格式塔心理学从空间知觉的整体性出发，它强调以整体的观点去认识局部，人总是将感知对象组织化和秩序化，并通过局部认知去补形整体，这也解释了为什么规则的几何形状是人的视觉最容易掌握的形状，同时人也会不自觉地对不完整的空间进行完形。本书第4 章所述的格式塔心理学对于景观空间形态研究具有实际指导意义。

在景观空间形态方面，研究设置了一项建筑形体协调性，并用一对形容词

"和谐—不和谐"来描述。该项指标主要是根据建筑的主要形体种类来进行评价，比如在一座建筑中有方形、圆形等主要形体，研究通过调查得出人们觉得和谐时的建筑形体种类数。同时，建筑形态和自然地理形态是否协调也是评价指标之一。

2. 生动的领域比

景观领域评价指标分为感知领域和活动领域。①感知领域包括视域、声域、嗅域，还有心理认知的领域。其中视域主要包括景域的天穹、地面、远景、中景、近景的领域；而声域包括人的声域、动植物声域、机器声域、水的声域、气候声域。②活动领域包括活动空间占据和分布的面积、停留时段、发生频率等。

领域由空间体积（面积×高度或深度）所构成：视域网格分析方法通过若干个小方格覆盖分析区域，并通过量化分析计算每个方格的视线可达，在保留拓扑意义的前提下完成具有复杂界面的空间分析，模拟使用者在空间中的体验，适用于空间规模不大、非规则的区域，可有效对尺度较小的复杂空间进行分析，以弥补通常轴线覆盖处不能反映出空间宽窄和局部变化内容的弱势。

人的光影领域比。郑板桥在《题画·竹石》中说："十笏茅斋，一方天井，修竹数竿，石笋数尺，其地无多，其费亦无多也。而风中雨中有声，日中月中有影，诗中酒中有情，闲中闷中有伴，非唯我爱竹石，即竹石亦爱我也。"其道出了仅用数竿修竹，数尺石笋，以少见多地营造出生动的院落环境意象。

5.3.3 多变的景观方向

景观空间要素的方向构成首先会受到太阳光、风、地形和水等自然环境因素的影响，同时受到神灵、习俗、性别等文化因素的影响，还受到制度、规则等政治经济的影响。景观空间要素之间的方向关系跟空间格局及其坐标系的设定有直接关系。对于景观空间来说，有以下三个坐标系可供选择。

（1）方向的景观特性。由东、南、西、北四个主要地理朝向和东南、西南、东北、西北四个次要朝向所构成的自然环境格局的空间方位坐标系。东、南、西、北是一个地理上的绝对概念，根据这四个宏观、绝对的地理方向来确定中心是传统空间定向的第一步；然后以中心为基点，根据四个绝对方向把空间划分为东、西、南、北四个领域，再根据方向角度细分出下一层级的方位空间，从而得出一套环境格局的空间方位坐标系。这是绝对坐标系，世间万物都位于这样的坐标系之内并借以定位，是传统空间的主要定向依据。

（2）由前、后、左、右四个主要水平方向和上、中、下三个主要垂直方向，以及内、中、外三个心理方向所构成的聚落、建筑及场景空间格局的方位坐标系。它以人的身体为坐标原点，根据人身体周边环境要素的空间布置，人的感知觉、行为姿态与活动系统，当下需求与心情这三个条件而定，是个灵活的、难以定义和测量的方向坐标系。它们是人对方向感最基本的体验，是人认知环境最重要的方向框架。如坐在一张没有靠背的小凳子上的人，当观景的时候可以转向窗户，当吃饭的时候则转动身体面向火塘，生气的时候转身背离大众等，通过设置允许方向灵活多变的环境设施来为人选择方向提供了多种可能。

（3）由笛卡儿坐标系（x，y，z）构成的景观空间方位坐标系。这样的坐标系通常以设定一个空间核心为坐标原点，来确定其他景观空间要素与它的空间关系，使之成为景观空间配置的依据。这是一个相对固定的坐标系，一旦建立后就成为主要的定向依据，是现代空间的主要定向依据。这样的空间关系以可以进行测量的物理角度来定义。以人的视域角度为例，张杰等认为，我国传统城市、建筑群以及园林平面设计中普遍存在着 30°角、60°角和 120°角的控制关系，其中 60°角是人的最佳视域范围。

在景观空间中的游人根据自己的身体定位以及在外部空间当中的位置来决定自己所处的位置，聚落中住所的方向就是居住者的空间定位，自由的空间关系必然产生多样的空间定位和居住方向；反之，则会产生统一的空间定位和居住方向。在聚落建造与体验中如何合理叠加、分析、使用这三个空间坐标系并明确它们之间的等级强弱关系，将直接影响人在聚落和建筑空间中的定位。

对于传统风景园林来说，景观往往是立体的，景观内容也是多样的，在某个方向或某个瞬间都有可能获得意想不到的景观，如面向水面形成观水平台，面向大山形成观山平台，面向院落形成观赏植物的平台。

1. **多变的视角**

1）仰视、平视和俯视

景观在传统风景园林是立体的也是多样的，某个方向、某个瞬间都能获得意想不到的景观，如面水则为观水平台，面山则为观山平台，面林则成观树平台。

2）向内与向外

Wolfgang Zucker 认为，建造一条把内部与外部分离的边界线是建筑的原始行为，但建筑并不是单纯地用边界围合出内部空间，也不是一味地构筑外部结构，而是在内部与外部之间营造出内涵丰富的场所，当内部的力量与外部的力量达到平衡时，边界就产生了，形态也得以生成。内部与外部之间可以通过边界的封闭和开敞相互转化。内部与外部是相对的概念，取决于人站在哪里，朝哪个方向看。

空间形态也决定了人是向内还是向外的。索漠在《人的空间》中提出，空间可以被设计成社会向心型或者社会离心型，"社会向心型空间试图将人拉到一块，而社会离心型空间试图将人们甩开"。

广西汉族传统风景园林和建筑往往是严格区分内外的社会向心型空间，内属阳外属阴，内向封闭是其空间图式。向心是一种行为集中的空间趋向，具有单一的方向性，是单一核心处在区域内部产生的结果。方向明确的向心型空间能明显地使人感受到身处空间内部，这在靠近核心空间的部位尤为明显，人在空间方向的引导下会自觉地向核心靠拢。内凹空间就是一种向心空间，身处其中会有被包裹在里面的感觉，给人一种安全感。

现代聚落及建筑由于受西方外部公共空间的影响，往往是向外的社会离心型空间，这在英国地理学者 Appleton 提出的"瞭望—庇护"理论中就有所体现。对于山地风景园林的游客来说，他们最喜欢的取向方式是背靠一个具有敦实体量并且包含某种象征意义的"靠山"，同时要面向外部开敞的空间，成为典型的离心型空间。如在风景园林中经常看到人们背靠着象征蓬勃生机的参天大树，面向自己熟悉而具有安全感的区域。这种交往行为的取向方式也影响到了建筑的取向方式，如建筑喜欢布局在背靠大山，面向耕地而建的"靠山"格局。离心是一种行为发散的空间趋向，具有复杂的方向性，是多个核心处在区域外部产生的结果，这在远离核心空间的部位尤为明显，人在外部核心的牵引下会自觉地向内部核心分离。凸出的空间能获得宽阔的视野和充足的阳光。

在向心与离心的状态中还存在一种平衡状态，这是一种方向不明确的空间，人处在其中没有被任何一种力量所牵引，处于自由自在的观望状态。确定聚落和建筑大门的位置和方向，是划分内外空间的一个重要手段。聚落大门的开启方向是有讲究的，对于风景园林聚落，人走出大门就意味着离开这个聚落而进入乡野，可以自由自在地行事；反之，进入大门则表示进入了这个聚落区域，一切都要遵守这里的规矩。这和城市空间相反，进入家门意味着可以自由自在地行事，出了家门就要遵守社会规则等。

当空间的内部与外部融合成一个完整的模糊空间体验时，它才能被理解为整体空间。而要跨越内部与外部之间的边界（这个边界就是中部），同时要看到内部与外部甚至中部，一是需要对观察者的位置、视线进行设计；二是需要通过人在活动中的身体体验和心理记忆来对内部与外部及其之间建立起一个整体的空间意象。在传统风景园林里，内部与外部空间往往难以做出明确的界定，空间以整体状态出现，人穿梭于内、中、外空间之中获得自由自在的空间意象。

客居对内设计为团结互助的开放式空间，对外则设计成防卫甚严的封闭式空间，聚落空间核心的内聚力要大于外部自然环境核心的分散力。

3）景域视线最大角度

赵冰认为："空间的中心就是知觉它的人，因此在这个空间里具有随人体活动而变化的方向体系。"所以特定空间中以人的视线来展开就是景域视线的最大角度。

2. 定位

定位是个模糊概念，一是物理概念，即利用当地自然环境特征作为提示，以利于人的定向，为人在环境中确定自身位置和目的地提供方向指引。二是心理概念，哪怕是一缕熟悉的味道、一个熟悉的声音，也能带来方向上的区域认同感。清末文学家方玉润在《诗经原始》中说："读者试平心静气，涵泳此诗，恍听田家妇女，三三五五，于平原旷野、风和日丽中，群歌互答，余音袅袅，若远若近，忽断忽续，不知其情之何以移，而神之何以旷。"由此可知，声音不仅仅是画内之音，还能以一种画外之音而存在于人的记忆之中，为人熟知，历久弥新。

环境心理学家认为，所有动物的头脑中都具有两种定向系统，一种是以自我为中心的具象系统，另一种是与"图式"有关的抽象系统，空间定向既受到自身文化的影响，又受到外在环境因素的影响。

3. 观景

在传统风景园林中，景观往往是立体的，景观内容也是多样的，某个方向、某个瞬间都能获得意想不到的景观。如面向水面形成观水平台，面向大山形成观山平台，面向院落形成观赏植物的平台。

对应多雨潮湿，日照强度较高的气候特征，山地民居屋面起坡一般较高，檐口伸出较远，形成低檐口，这就造成屋檐是人在室内站立时视线能水平穿越出去的最低上限，同时也要求前面的屋脊一定不能压住后面的屋檐，这样就给后面住户留有通风透气、观景休闲的空间，同时也体现了人与人之间谦和恭让的邻里关系。

4. 崇拜

方向不仅意味着方位，也代表着神秘、未知的区域。神圣的方向是一种绝对的、不容挑战的方向，是一种强势的方向。比如东边因为是太阳升起的地方，被认为是神圣的方向；村里建筑的正门总是要正对神圣的方向；壮族风俗认为西边是不吉利的等。

对于住在村落园林里的人来说，要找到村落园林的中心是很容易的。但对于刚来村里的人来说，感受到的是微观的空间尺度，想很快找到村中心不容易。这是因为风景园林发展是由核心辐射出去，虽然有一定规则，但居住者根据自己的实际需求和地形特征去调整自己房屋的方向，核心只是起到一个规则的作用，并没有强行要求所有的建筑都要向它进行顶礼膜拜式地尊崇。

不同的方向代表着不同的意义。在广西壮族有一种三界说，宇宙分成天上、大地、水下三界，即天堂、人间和阴间三界。这在壮族文化的代表——铜鼓的纹饰结构中有所体现：鼓面表示上界，饰有太阳纹、云雷纹；鼓身表示中界，刻有羽人纹、鹿纹；鼓足表示下界，刻一两道水波纹与鼓身相分。这样的宗教观念也渗透到了壮族干栏建筑的垂直空间布局里，壮族干栏一般分为上、中、下三层。

风水学中还有一种通过罗盘定位的方法，即通过方向来确定聚落及建筑的方向落位。如建筑内部根据方位区分，有东震宅、南离宅、西兑宅、北坎宅之分等，都是对当地原始崇拜和禁忌的反映。其中方向选择在汉族文化相对发达的区域比较明显。

5.3.4 有层次的距离感

景观空间往往是由景观要素的空间距离，即水平、垂直尺寸综合形成的一种空间透视。传统是用熟悉的事物（人的步距）作为衡量度来丈量空间，即"尺度"；而现代是用抽象的"尺寸"作为单位来丈量空间。空间距离主要是以物理距离存在的尺寸而存在，并受到人与人之间的社会、文化等心理距离存在的尺度关系进行调整。

有层次的景观距离感可以互训为层次丰富的视觉距离，优美的声音梯度以及足够的空间透视感。景观层次一旦变得丰富、多变，就会提高空间趣味性。

1. 时间距离感

时间是事件发生的先后顺序，对过程的记录就是一种对时间的记录。人要感知距离，必须在运动中通过对时间的体验与计算来完成，用时间来丈量距离，就需要一种时间坐标系来记录空间，用这样的记录来表达景观空间成为一种独特的表达方式。人在空间中的移动速度与方向影响了人对时间和距离的认知。好的空间能以某种方式让时间留下痕迹，或度量时光的流逝。标志着时间并且表达着它的场所常常被视为有特别的感染力的空间。

中国文明认为空间是没有时间距离的，祖先精神上存在的空间和当下活生生的空间是同时共存的，他们会在某种仪式中实现零距离的接触和沟通。李欧梵认为，中国人的文化潜意识中仍然保留了一些旧的观念。

Jeremy Till 提出"稠密的时间"观念，是指一个聚集着过去而且孕育着未来的现在式，是一种通过对当下生活的关注而逐步往过去与未来扩展的时空观念，这与中国文明认为的时空观念相吻合。部分设计师在景观空间中通过设置一个有形的空间装置对无形的水和不定形的石块进行空间并置与交融，以此来捕捉周边空间要素（树、石、水、房、竹等）的叠合图景。在这里，形态消失，只留下了材料（新材料组成空间形成水纹光影）和虚景（石头以空的方式留在空间中），形成了一个复合且有趣的时空感知（图 5-13）。

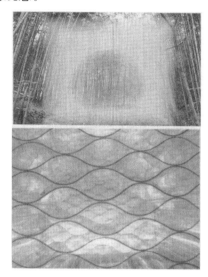

图 5-13　实水中的虚石
（图片来源：袁烽《建筑数字化建造》）

尺寸是物理量度，与人的心理是保持一致性的[①]。但人们感觉距离或空间大小与实际大小却不一定是一致的，二者之间存在某种程度的偏差。例如，向上看（仰角）时的感觉距离远，向下看（俯角）时感觉距离近。尺寸经由人的认知体验转化成尺度并产生意义。那么尺寸是如何构建人际关系从而形成空间关系的呢；或者反过来说，空间关系中的距离又是如何转化为现实中的人际关系的距离呢？人决定别人如何接近自己取决于几个因素：感官因素、个性、场合和本人的文化背景。

古希腊哲学家普罗泰戈拉说过，"人是万物的尺度"。尺度是人通过对具有一致性的物体尺寸来对其他物体进行比较的心理度量，如人通过对街道剖面两边建筑高度（h）与街道宽度（d）的比值来衡量人对街道的认同感。从经验得知，当街道的比例尺度是 $1 \leqslant d/h \leqslant 2$ 时，人感到最为舒适。尺度是对尺寸的调节，即根据每个人尺寸的不同进行适应性的调节。作为固定元素的建筑尺寸是固定的，但人可以通过家具的摆设而营造出适合人的心理与行为的空间尺度。

---

① 尺寸一致性：人不会因为物体的视觉大小而改变对该物体尺寸的真实认知。

房屋之间的尺寸距离是静态存在的，但人与人之间的距离是动态的，如风景园林之间"鸡犬相闻"的距离就是一种动态距离，房屋的距离不应该隔绝人与人之间的交流和互助。

王维《山水论》曰："凡画山水，意在笔先。丈山尺树，寸马分人。远人无目，远树无枝。远山无石，隐隐如眉；远水无波，高与云齐。此是诀也。""凡画林木，远者疏平，近者高密，有叶者枝嫩柔，无叶者枝硬劲。松皮如鳞，柏皮缠身。生土上者根长而茎直，生石上者拳曲而伶仃。古木节多而半死，寒林扶疏而萧森。"由此可见，景深的处理对画作而言具有重要影响。艾迪生在他位于伦敦附近的特威克纳姆花园，将这种绘画透视技巧也运用于扩展场地深度的实践中。

1）前景—中景—远景

通过在空间深度上巧妙设置多个景观要素之间的空间距离关系，营造出前景、中景与远景的空间景深关系，这和中国传统山水画中的深远、轩楹高爽的高远和山楼凭远的平远三种意象相对应。从中国传统园林中分析得出优美的空间景深：一要层次分明；二要近景的细节丰富，立体感强，最好是可触摸、可闻的空间；三要中景简洁且色彩动人；四要远景轮廓优美，色彩清淡，最好能目极千里，同时可以保持一定的虚无缥缈感（图5-14）。

图5-14　有层次的景观空间（南宁市青秀山）

各景观控制点之间相互连接成景观控制线。通过核心点之间的景观视线分析，对厘清景观空间结构具有很大帮助。

在一定的场内，人们总是有选择地感知、注意一定的对象，而不是明显感知所有的对象，对人们有意义的、能够理解的物体，以及拥有概念和名字的物体具有前景的属性。前景、中景、背景也是相对的，如门窗就是被赋予景观层次感的重要设施，门窗通过框景成为中景，而门屋上的匾额就是前景，白墙成为背景。

2）零距离

所谓零距离，就是景观要素相互紧邻地拼贴在一起，无缝对接地成为一个整体。这样的距离关系在古人的描述里经常出现，如朱熹的："卧听檐前雨，浪浪殊未休"的卧和雨二者之间仅一檐之隔；《园冶》中"窗户虚邻"里内外之间的一窗之隔。

零距离，也可以说是领域边界的透明化，即通过消隐边界使两个领域互为图底，而不会产生心理学家所说的"轮廓对抗"。如内外空间之间仅仅隔着一张纸的距离。同时，在传统风景园林里面存在各种类型材料重复利用的情况，零距离的拼贴关系，在简单直接中体现着质朴、智慧的美。选自本土的墙面材料能使建筑空间和自然环境空间融为一体，人在行进的过程中自然而然地从外部环境步入室内，使人感觉到外部空间和内部空间是零距离的。如澳大利亚 Batschuns 乡村的公墓和小教堂扩建项目就利用了基地上挖掘的土壤进行夯土墙的建设，直接展现了本土的精神。

3）邻近的距离

当空间要素聚合成群的时候容易被人所感知并被认知为一个整体，这类似于格式塔的完形，即视觉趋向于完整构图，如各种颜色的花密集在一起不觉杂乱，反而有"花团锦簇""百花盛开"的美感。

4）保持适当的距离

青锋认为传统文化对于现代文明最大的启示就是：了解我们自身的限度，并且学会在这种限度中生存。他认为距离是种姿态，是人追求心安的姿态，是人要对自己的能力保持一种克制的姿态[1]。

通过设置遮挡空间以保持适当的距离，可以使空间产生积极意义，反之就会产生消极意义，物质距离的缩短导致的却是精神距离的不断增大。比如对歌楼的产生是基于对歌仪式的空间需求。对歌是一种求婚仪式，它需要一定的距离和角度，使男女双方的距离先停留在以声辨人的初始状态，有些对歌是根本看不到人的，双方在对歌中产生好感，才能进一步发展，开始近距离接触。而现在的对歌楼空间是一种简化仪式、进行民俗表演的舞台，空间失去了相互遮挡和保持适当距离的设计，它已经不再承担"红娘"的空间角色。

---

① 青锋.建筑·姿态·光晕·距离——王澍的瓦[J].世界建筑,2008(9):112-116.

如何区分合适的距离与不合适的距离不仅仅是社会习俗的问题，主要还是建立在能够察觉到同类伙伴这种能力的基本特征上。乡村中的兄弟属于比较亲近的关系。如侗族兄弟从分居堂屋两侧另开火塘分家为始，逐渐发展到相毗邻修建各自的房屋为止，兄弟之间的关系会随着距离的拉远而逐渐变淡。

5）传统与现代的距离

在城乡时空距离极度缩短的情况下，使传统与现代保持一定距离是必须的。就像自然与人工、旧与新、污与洁、静与闹等都要保持一定距离。保持距离不是一种消极的出世态度，而是以平静的、看起来仿佛消极的态度来入世。在张雷设计的云夕深澳里书局中，传统说着传统的故事，现代讲着现代的故事，以一种谦虚的态度保持着传统建筑的外观，但是赋予其新的功能，在新旧的对话中，体现出一种别样的"设计感"。这在王澍的设计作品中也是如此，对他来说距离是一种姿态，一种客观看待传统与现代差异的冷静姿态。在广西传统风景园林中有使用钢和玻璃等新型材料与夯土相结合的新工艺，使传统夯土空间孕育出新的空间意象；或者在原有夯土墙承重的传统结构之外或之内另外构筑一套新型结构，使两套结构体系得以并存，从而产生对话。

如果说城镇代表着现代，风景园林代表着传统，那么城市与风景园林的距离就是传统与现代的距离，要保有这种距离感，风景园林才能维持自身的特色。但随着现代城镇空间的高速扩张，在公路交通日益发达和网络信息的高速链接下，城市与风景园林的距离感越来越弱，因此，该如何定义城市与风景园林的距离呢？从旅游的角度出发，1 h经济圈是城镇与风景园林最合适的时间距离。笔者曾就南宁市市民出行旅游意愿进行过调查，发现空间距离为50～100 km时，即1～1.5 h内的距离是能接受的1天出行旅游计划的距离。

5.3.5　多样的景观路径

意象路径是基于景观路径体验之上，存在于人的记忆中某种印象的叠加或组合。它不像景观路径具有明显、固定的物理空间形态特性，而是一种心路，一种对景观要素、体验的组景结构和过程，随着体验主体的不同而不同。

中国传统风景园林意象路径的特性之一是使景观空间转换过程中保持意象上的连续性，即使人从某个景点开始行进到行进结束，整个景观空间格局的转换过程仍保持空间体验上的连续性。如在庐山大天池风景点规划中，大天池走廊、文殊台、照壁三者之间的联系不是靠景观路径在空间流动、开合上的动线联系，而是在有意与无意之间，依靠"意"的流动而取得的。例如，以天圆地方的象征手法，联系了廊与台；以残缺的照壁补足文殊台院墙的圆，联系了台与壁（图 5-15）。

伯纳德·屈米认为空间的本质不是形的构成，也不是功能，而是事件。事件是一种意象的路径。如循环往复的环形路径往往能为节日庆典仪式的展开提供一个巡游空间。空间上的巡游路径设定可以说是人类原始崇拜的一种共有空间图式，

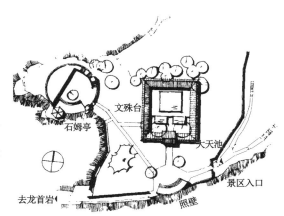

图 5-15 大天池景区总平面
（图片来源：上海刘滨谊景观规划设计工作室）

如在希腊雅典卫城，人们进入卫城前通常要沿着路径绕行，增强膜拜的虔诚氛围。

刘婷在《壮族布洛陀文化的当代重构及其实践理性》一文中提出，一字形路径为仪式提供了氛围铺垫的作用。长长的道路，在视觉上能够拉长人与神之间的空间距离，增加了一种朝圣的神圣感。依靠一种具有流动性的朝圣而得以实现。当然，这种流动性不仅仅是人的身体的流动或者空间位置的转移，更为重要的是一种心理状态的转化，这种转化经过过渡礼的形式而得以实现。

以北京 2013 年园博会设计师广场获奖作品"步移景异"为例，通过在不同空间中设置不同路线，景观小道与经过变形、反转和角度转换的游廊空间交错缠绕，水面、水生植物、树木和花卉穿插其中，人游走于丰富且有变化的游廊空间之中，促使景观行为发生的可能性得以提高，形成新的路径空间意象。这些直线小径看似偶然，却必然使参观的人流穿行于此，寓偶然于必然之中。它是设计师对相互穿插且不停息的传统园林路径意象的直率表达（图 5-16 和图 5-17）。

图 5-16 2013 年园博会获奖作品"步移景异"①

① 翟俊.折叠在传统园林里的现代性——以北京 2013 年园博会设计师广场获奖作品"步移景异"为例[J].中国园林，2014.

(a)   (b)

图 5-17　游廊空间①

1. 景观视廊

传统风景园林注重自然环境优美，文化氛围浓郁，建筑尺度宜人，因此路径规划要非常注意对自然、文化、建筑景观的取景、障景与借景，从而形成景观视廊。景观视廊的构成包含以下几个要素。

（1）路径上的动态视廊。人在路上行走，当动觉发生突变的同时伴随有特殊景观出现，突然性＋特殊性就易于使人感到意外和惊奇。动觉是对身体运动及其位置状态的感觉。在路上行走，通过视线的通透与遮挡，动线将不断转换，身体位置、运动方向、速度大小和支撑面性质会改变，人忽而在景中，忽而在景外，步移景异，造成动觉改变，得到不同的景观空间感知和体验。中国传统园林里讲究动观，即路径上的动态视廊。在传统风景园林中漫步，随时都会有新的发现，人造物与自然物不同角度的展现和搭配为游客进行各种活动提供了丰富的舞台和美丽的景色。

（2）观物就是看与被看的关系。看与被看这种空间主客体关系的存在是人的基本行为模式，在中国园林中广泛存在着这种行为空间关系。在中国传统文化里，看与被看的主客体角色是可以互换的，"身与竹化""神与物交"使人与竹、神与物这样的空间关系在中国注重"审美连续体"的哲学引导下发生连续的主客体身份和空间位置的互反互换。

（3）取景、障景与借景。传统风景园林自然环境优美，文化氛围浓郁，建筑尺度宜人，因此路径规划要非常注意对自然、文化、建筑景观的取景、障景与借

---

① 翟俊.折叠在传统园林里的现代性——以北京 2013 年园博会设计师广场获奖作品"步移景异"为例[J].中国园林，2014.

景，从而形成景观视廊。就像中国传统园林中的游廊，作为一种狭长的路径空间形式，在随意的形式下孕育了必然的暗示与导向。

（4）路径节点上的静态视廊。景观的产生往往和空间的可视域成正相关，人的（左右、上下、前后）视域范围和空间关系形成不同类型和层次的景观空间宽度和纵深的景观视野。就景观空间宽度而言，共有 3 种类型，即立体景观、水平景观和垂直景观；而从空间纵深而言，至少有 3 个层次，即近景、中景和远景。

在风景园林中，静态视野形态丰富，远景往往以天空、大山以及河流等自然要素作为图案背景，具有静态性质，村民经常在自然要素上设置一些大尺度的人工物如塔；中景往往是由与自然要素相切的建筑轮廓线，如房屋缝隙、檐口、入口和窗口等，人的视域聚焦于中景，注视程度随距离增加而逐渐减弱，具有连续性；在近景处的狭窄地带，人的视线会围绕中心来回摆动，注视程度变化较大，具有动态性质。叠加与分离是营造风景园林聚落前、中、后景观层次的基本原理。游客将天空、云朵、飞鸟、山体、树木、屋檐和窗口等不同事物通过视觉、听觉、动觉等多重感觉相互叠加或分离，把前、中、后三个景观层次进行压缩或拉扯，从而形成复杂的空间景观。

人们除聚集在空间核心中进行集体活动外，传统风景园林的交往空间往往均匀地分散在道路之上，人们三三两两地聚集在道路上大小不一的凹空间里闲聊。道路最吸引人的地方，在于其熙熙攘攘的人流，在热闹的氛围里，人们相互观看并产生了需要交往的冲动。为此，必须提高路径的复合度，使路径具有足够多、形式各异的看与被看的空间，具有停留、观望、参与等功能的空间才能产生自然交往的可能。

2. 复合度

复合度和 Bill Hiller 提出的空间整合度不太一样，Bill Hiller 的空间整合度是根据路径相互连接的步数来反映空间路径的局部与整体之间、局部路径之间的空间联系程度。整合度越大，则空间的可达性越强，空间越整合；整合度越小，则空间越离散。复合度注重的是事件的叠加，是通过观察多条路线相互叠加、交叉的次数来强调路径的复合特性。

3. 可达性和便捷性

空间的可达性和便捷性在很大程度上决定了路径空间的交通性能。路径的目的使空间要素之间产生有效而紧凑的连接，从而起到交通组织、引导的功能，使人轻松、便捷地到达目的地。

表 5-1   空间的可达性

空间要素之间联系的紧密程度	空间布局	使用者来往空间时	空间之间的联系	可达性
高	紧凑	高效快捷	整合的	良好
低	松散	困难	隔离的	差

空间可达性是衡量空间系统中空间要素之间交通联系的紧密程度，见表 5-1。传统风景园林的保存完整程度，往往和它的通达度有关，通达度越高，保存完整度则越低。M. J. O'Neill 通过计算建筑平面"拓扑复杂性"的方法，寻找建筑空间的相互连接密度（Inter-Connection Density，ICD）。ICD 值代表空间之间可通行的路径数量。首先算出每一个空间选址点连接的其他点的数量，得出每一点的具体数量，然后将各点的 ICD 值相加，除以选择点的数量，即得出整个领域空间的 ICD 值。

交通的便捷性。如果以交通为优先需求，路径讲究的是空间移动效率，即速度要快，能耗要小，如抄近路、找捷径等。从平面上看，两点之间最快捷的路径是直线，但落在起伏的地形上，为了避开地形障碍，就会蜿蜒起伏，尽量减少在地形起伏的地方修建公路是机动车道选择的首要因子。

4. 空间的可视度

从主客体的角度来看，作为被体验的对象物理景观空间可分为主观定义的看空间、被看空间和客观存在的视廊空间，这种空间关系里蕴藏了过往主体的意，这需要当前主体的还原理解。人作为体验的主体，可以成为看空间里独立清醒的看客，或者是对风景进行审美评价的读者，同时也可以成为被看空间里被看的演员，在景观营造中要时刻保持这种角色互换的态度。这正如清代金圣叹所说："人看花，花看人。人看花，人到花里去。花看人，花到人里来。"

空间之间能否相互看到及可看到的面积，决定了空间可视度。

第 *6* 章

寻象求神：以物而畅神

中国传统园林的重点在于"写意",而不是"造型",意是"呈于象,感于目,会于心"的,"意"就是"心"。

6.1 寻象求神的精神审美图式

刘勰《文心雕龙·神思》云:神思之谓也。文之思也,其神远矣。故寂然凝虑,思接千载;悄焉动容,视通万里;吟咏之间,吐纳珠玉之声;眉睫之前,卷舒风云之色;其思理之致乎!故思理为妙,神与物游。神居胸臆,而志气统其关键;物沿耳目,而辞令管其枢机。枢机方通,则物无隐貌;关键将塞,则神有遁心。

"寻象求神"重在"神"与"意",是形而上的,它是审美经验的第三个阶段,即效果延续阶段,包括审美判断以及由这种判断造成的更高的审美欲望(需要),更高雅的审美趣味和更丰富的情感生活。它是中国传统最重要的审美方式"缘心求神"的具体体现,是通过意象与意象的整合、剪辑,产生连贯、呼应、悬念、对比、暗示和联想等作用,经由"以实生虚",在一对对的组合体关系中产生大片的"虚白",强化原有意象的比兴效果,派生出单个意象没有的、远大于它们相加之和的"象外之象""景外之景""弦外之音"和"味外之旨"。在中国传统美学看来，美来自人自身的精神、观念和性情。"求神"意为"取意"，是作为主体的"人"通过知觉认知与"物"进行主动沟通而达成"人"与"物"的意义关系，从而达致"借彼物理，抒我心胸"的目的。这里的"求"，注重的是解释或释义，即主观地对物进行解释。

对"求神"的审美体验，古人有两种对立的见解，一种是以庄周为代表的"至乐无乐"说，即清心寡欲、无为而治、天人合一的"道"的极乐境界，这种"道"和柏拉图描述的超脱生理欲望和尘世纷争的"迷狂"状态及毕达哥拉斯把那种能获得审美快乐的人称为"旁观者"的态度极其相似；另一种是以孔子为代表的以理节情、情理结合的"平衡"说。

中国传统审美方式最重要的环节是意与形、象相通地去把握自然与人的"真"，以使"心源澄静"，达致纯粹完美的境界。日本学者笠原仲二认为，中国美学的"真"之义并非指客观事物的本来面目，而是所谓终极的、绝对的、生命本源的"真"，是"理""道""情""灵""一""始""天""造化"的"真"。这种"真"是蕴藏在事物深奥之根底的真，是只能通过人的直观体验才能把握，是事物不可言传的本质，是人向作为"母体"的"自然"怀抱的回归。"真"是超越了"美"和"善"的一个扬弃，在前两个阶段体现的美丑、善恶的界限在这里显得模糊不清，但它们的合理成分被肯定下来，成为体现"自然主旨""气质俱盛"的"真美"。在"真"的范畴里，与"真"相对应的就是信、诚，相反的就是假，当永恒的生命体真切地放射出自身神秘光芒的时候，不管它是粗糙的、不规则的，都是美的。人在这种美之前，物我两忘，离形去智，官能得以净化，一切世俗的、尘累的束缚都一扫而空，人类的灵魂得到最高的升华和解放，从而回归审美的自由王国。

6.1.1　心声心画

汉代扬雄在《法言·问神》中说："言，心声也；书，心画也。声画形，君子小人见矣。声画者，君子小人之所以动情乎！"中国古代对诗、乐、书、画和园林的审美与创作，都是对自我人格的欣赏及心声心画的写照，是人的心印[①]。古人认为诗乐书画四者统源于心，是"或寄以骋纵横之志，或托以散郁结之怀"

[①]　北宋郭若虚在《图画见闻志》中对"心印"解释为："窃观自古奇迹，多是轩冕才贤，岩穴上士，依仁游艺，探赜钩深，高雅之情，一寄于画。人品既已高矣，气韵不得不高；气韵既已高矣，生动不得不至。……且如世之相押字之术，谓之心印。本自心源，想成形迹；迹与心合，是之谓印。"

（《法书要录》卷四）的艺术手法，其中重于言情的诗是核心，其他则为主干。中国传统园林可以说是诗、乐、书、画之集大成者。

意蕴（气韵）是言外之意、画外之音的意思。意蕴的丰富性与模糊性在意犹未尽的直观描述与体验中获得了可感知的真实存在。中国传统园林讲究气韵生动、残缺、模糊、戏剧性以及似是而非，正是在摆脱客体"形、理"的束缚，任意

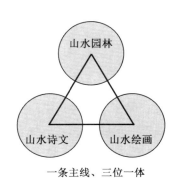

一条主线、三位一体

图6-1　洛阳龙门国家湿地公园景点方案设计构思
（图片来源：上海刘滨谊景观规划设计工作室）

为之，人主体的"意"驰骋，从而导向不确定性和无序性。这恰恰符合入世陶冶情操的要求。它留给不同的读者以不同的感知意义和不同的符号意义，也留给了他们广阔的余地去再创造，见图6-1。

6.1.2　呈于心而见于物：境

境是心与物的自然融合，在心对物进行整体性的观照中产生，以"象外之象，味外之味、景外之景"的超物象性、超道德性而存在，是美的呈现，属于审美范畴。同时"境"还是一个由体与势、实与虚、有与无共同构成的场。王昌龄的《诗格》中提出了"三境"说："诗有三境，一曰物境，二曰情境，三曰意境。物境一：欲为山水诗，则张泉石云峰之境。极丽绝秀者，神之于心，处身于境，视境于心，莹然掌中，然后用思，了然境象，故得形似。情境二：娱乐愁怨皆张于意而处于身，然后驰思，深得其情。意境三：亦张之于意而思之于心，则得其真矣。"这三个境界都是中国古代审美追求的目标，每个境界都是主体的心游走于客体的物之间而产生的不同心境，同样的物对于不同修为的人能达到不同的境界，从而各自完成不同的审美过程。当然，最高的境界是如皎然所说的三重意境都能达到。对于中国传统审美来说，感物首先要"玄鉴"，以获"境外之象"。刘延川利用参数化mapping方法对中国古典词牌名"一剪梅"进行分析并得到数据，然后用Grasshopper建立了关联性组合，生成了相对应的一系列在前后方向上波动的墙面，给予传统词汇组合以一种全新的意境空间。

中国古代"至乐至美""至高至纯至善"的最高审美体验，如《列子·仲尼篇》所说的"我体合于心，心合于气，气合于神，神合于无"，其实就是回到人之初，物之初，性之初"合而为一"的直观体验。这种体验可以说是源于自然、回到自然，却高于自然的"境界"，从而完成一个完整的审美升华过程。这如宋代青原惟信禅师所说："老僧三十年前未参禅时，见山是山，水是水；及至后来，亲见知识，有个入处，见山不是山，水不是水。而今得个休歇处，依前见山只是山，见水只是水。"这里的"依前见山只是山，见水只是水"已经是山河大地与清净本源、此岸彼岸世界的统一，它已经不是原来的实际山水，而是呈于心而见于物的山水。

王国维从物我关系来区分"有我之境"和"无我之境"。他在《人间词话》中提出："有我之境，以我观物，故物皆著我之色彩。无我之境，以物观物，故不知何者为我，何者为物。"有我之境，如"泪眼问花花不语，乱红飞过秋千去"；无我之境，如"空山无人，水流花开"。成复旺在此基础上加入"适我之境"后，总结出如图 6-2 所示。

境界	物我关系	美的形态		情感状态	人格	哲学基础	盛行时期
有我之境	物我相容	和谐	阳刚	动态	伦理人格	儒	封建社会前期
无我之境	化我为物		阴柔	静态	自然人格	道、释	封建社会后期
适我之境	化物为我	决裂—崇高		狂态	个性人格	左派王学	封建社会末期

图 6-2　中国古代审美境界
（图片来源：成复旺《神与物游：论中国传统审美方式》）

《而庵诗话》里说："无事在身，并无事在心；水边林下，悠然忘我。诗从此境中流出，哪得不佳？"只有心灵先从意志或与欲望中摆脱；然后才有可能从外部真实世界的制约中解脱；在这两种解脱完成后，心灵便获得了自由，继而按照自然真实的趋势，完成自己应实现的过程。

正是在"境界"的追求上，才使东西方的审美意识能在一个共同的层面上相遇。

6.1.3　动与静：情感状态

谢榛在《四溟诗话》中说，"景乃诗之媒，情乃诗之胚，合而为诗"，由此看出，情感状态是审美活动与创作的心理基础，不同的人格与情感状态往往会直接导致审美方式和审美结果的差异。苏珊·朗格认为，情感是人面对客观现实时的一种特殊的心理反应形式，它说明了客观事物是否符合主体的需要，是针对对象与主体间的某种关系。这种意向性关系是非确定、非解释与非推理的，所以，真正的艺术只能是想象和被领悟的。

　　中国古代大致有三种人格：一为静态的自然人格，或曰心境。《庄子·天道》说："圣人之心静乎！天地之鉴也，万物之镜也。"王阳明在《睡起写怀》中说："闲观物态皆生意，静悟天机入窅冥。"可见他们都讲究"澄怀味象""静以观物"以达到至虚至静的状态。要达到虚静状态，庄子提出可通过身静以至心静的坐忘①和身动而心不动的心斋，如《林泉高致》中所说："静居燕坐，明窗净几，一炷炉香，万虑消沉。"二为动态的伦理人格，或曰"发乎情，止乎礼义"的热情。三为狂态的个性人格，或曰"眼无千古，独立一时"的激情，人经由此状态进入了忘物我、泯天人的无意识的纯粹精神审美状态，审美情感调动方式见图 6-3 和图 6-4。

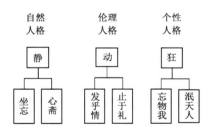

```
自然        伦理        个性
人格        人格        人格

┌─┐        ┌─┐        ┌─┐
│静│        │动│        │狂│
└─┘        └─┘        └─┘
 │          │          │
┌┴┐       ┌┴┐       ┌┴┐
坐 心      发 止      忘 泯
忘 斋      乎 于      物 天
   情 礼      我 人
```

图 6-3　审美情感调动的方式

图 6-4　丽水市南明山小木溪区块概念规划
（图片来源：上海刘滨谊景观规划设计工作室）

　　王国维《人间词话》认为："境非独谓景物也，喜怒哀乐亦人心中之一境界。故能写真景物、真感情者，谓之有境界，否则谓之无境界。"这和皎然在《诗式》中提出的"取境之时，须至难至险，始见奇句"的"取境"之意相似，取境、立意高者，则其体格、体势也就高，境界也容易体现出来。如《诗式》中的"辩体

---

　　①　坐忘，即把意念存放在体内或体外的某处，使人体处于高度入静状态，进一步净化心神。

有一十九字"就提出了忠、节、德、诫、高、逸、静、远等。当然，取境有放下的"游"取，也有"先积精思"的苦取。不管以哪种方式，都强调要先"取境"后"举体"。其实在情境之上还有更高一层，即非情性的"虚""无"，也就是哲学家们所说的"无境界"。

6.2　审美精神行为模式

"缘心感物"是中国传统审美感受产生的最重要方式，"缘心"意味着由心而发，"感物"意味着对物的评价，"缘心感物"的审美方式就是由心而发，超功利、无目的、忘我地去欣赏、享受和审美，以达到人之天与物之天的和谐相融（图6-5）。这就是本书绪论中所说的用哲学去看待事物。至于如何达到忘我境界，主要包括神游、神思、妙悟、兴这四种方法。

图 6-5　仇英桐阴书静图
（图片来源：《居住在自然和风景中》）

6.2.1　神游

神游是一种基于记忆之上的联想和以情感为动力的创造性想象[①]，是人类思想的一种解脱与释放，这种状态也是弗洛伊德所说的潜意识在物的海洋中即将浮出水面的状态。思想在物的海洋中神游，天时、地境、人事恍于其中，人之神与物之神偶然相遇，或者说是观者之神与作者之神适然相会，顿觉畅神。郭熙在《林泉高致》中说，"春山澹冶而如笑，夏山苍翠而如滴，秋山明净而如妆，冬山惨淡而如睡"，春山、夏山、秋山、冬山经过人的联想与人的生活行为如笑、滴、妆、睡形成了一一对应关系，从而使美得以产生。

神游也符合王国维所说的"隔与不隔"。当人与物能真切地接触，从而达到不隔的神游关系时，不隔便写出了真景物，写出了真景物便是有境界，就能获取"真"的境界。

---

① 审美想象大体分为两种，即知觉想象和创造性想象。前者是不能脱离眼前事物的一般审美活动中的想象，后者是脱离开眼前事物，在内在情感的驱动下对回忆起的种种形象进行彻底改造的想象。

6.2.2　神思

神思即禅学里所说的冥想，通过冥想以获天机。是指人在脱物沉思的过程中，神与物同游其心。这不同于纯粹的唯心主义，人必须要有物的心理认知过程作为神思的背景或前提，才能获取神与物游的机缘，凭空想象不足以构成神思。曾奇峰认为主体的精神活动是图式化的，是受某种在主体意识中逐渐形成的心理认知结构所约束、规范的活动。

神思是一种如梦如幻的幻想。在中国诗词里经常出现梦境对古人现实生活行为的影响。如沈括《梦溪自记》曰："翁年三十许时，尝梦至一处，登小山，花木如覆锦，山之下有水，澄澈极目，而乔木翳其上。梦中乐之，将谋居焉。自尔岁一再或三、四梦至其处，习之如平生之游。"

神思还是一种去象的过程。如《画禅室随笔》里说："读万卷书，行万里路，胸中脱去尘浊，自然丘壑内营，立成郸鄂，随手写出，皆为山水传神矣。"只有暂时脱去俗世尘浊，去除形态的困扰，才能意随笔出。同时，"凝视"是神思的一个重要方式。是作者与读者都应该具有的一种严肃的视觉思考方式。

中国传统社会有四个传统的阶级，即士、农、工、商，"士"通常就是地主，"农"就是实际耕种土地的农民，士和农成为营造传统景观空间的行为主体。其中"士"最杰出的景观空间代表是皇家园林、寺观园林和私家文人园林，而"农"最杰出的景观空间代表是村落园林。"士"对宇宙的反应，对生活的看法，在本质上就是"农"的反应和看法。士与农最大的区别在于他们受过教育，能把实际耕种的"农"所感受的东西，借诗、借画、借文、借景艺术性地表达出来。

6.2.3　妙悟

"妙悟"是一个从物的此岸到心的彼岸的境界超越，这里所说的超越在历史方向上有两种，一种是前进的超越，一种是倒退回古的超越，中国古代的审美超越主要是后者。中国的禅宗讲究"不立文字，道由心悟"，并提出由渐修而"彻悟"和一触即觉的"顿悟"两种流派。宋人严羽论"妙悟"，是在同"熟读""讽咏""酝酿"的长久物我联系中论"妙悟"的，强调通过对具体作品的"自然悟入"而达到审美的超越。"然悟有浅深，有分限"，悟有"自然悟入"和"自觉悟

之"的浅深之分。当人心感物的时候，能达
到王阳明所说的"闲观物态皆生意，静悟天
机入窅冥"的境界，即达之于天了，如
图 6-6 所示。

6.2.4　兴

贾岛《二南密旨·兴论四》曰："外感
于物，内动于情，情不可遏，故曰兴。"成
复旺认为兴是创作的动因，是艺术境界的成
因，是心和物互通的关键节点，兴是感物而
动的不可抑制的情，是一种强烈的审美感
受，是艺术创作成败高低的关键。兴就是审
美感受，就是美感，其广义包括兴趣、兴起
和兴会。

1. 兴趣

严羽认为，兴趣是作为情性受到物的自
然感发而产生的审美感受。兴趣是从主体之
心出发，考虑如何表达自己已有的情志的
"托喻"，具有个体性，从而使物"质有而
趣灵"。

2. 兴起

兴起是从客体之物出发，强调表达触物
会心时的心理感受，即"有感"，具有直观
性，偶发性，无目的却又恰好符合目的的特
性。"兴"乃"托事于物也""兴，起也"，

图 6-6　桃源仙境图
（图片来源：《建筑美感心与物——中国传统
建筑美学二元范畴》）

朱熹解释为"先言他物以引起所咏之词"，即以景物言人事；"起"乃理性的启发
与感性的感发，"使人感发而兴起"就是给人以审美感受。

3. 兴会

兴会从文艺鉴赏角度出发，揭示兴所产生的艺术效果的"文已尽而意有余"。
当"托喻""有感"达到"文已尽而意有余"之心物自然契合而看不出人为痕迹
之"兴"时，审美感受则达到寂然存在，无须多说的"大美"境界。

6.3 意境空间模型

　　意境空间是沉思冥想的内省阶段，是意象的积累或意象的组合而再现的空间，类似于 N. Schulz 提出的存在空间。"意境"一词最早也是由佛经转译而来，是佛家的最高境界。佛家认为在眼、耳、鼻、舌、身、意这"六根"与色、声、香、味、触、法这"物"的属性之间存在一一对应关系，并感人于物，这种关系被称为"境"，也就是前面所说的直觉空间①。而当这些一一对应关系经过形成经验现象的"境"与心理现象的"意"之间的情理关系，并动情于人，即成为意象空间；随即通过去除人为比附的"意象"，经过人的艺术升华而构成"缘情而发，即境而生"，并意动于人的意境空间。对于中国传统审美来说，诗里赋予情感的形容词所构成的写意，山水画里抽象提取的审美图式所表达的画意，只有二者介入风景空间里才能使其转换成为如仙境一般"诗意栖居"的园林空间。

　　"广义地讲，一切艺术作品，也包括园林艺术在内，都应当以有无意境或意境的深邃程度而确定其格调的高低。"② 中国人喜欢把某个具体的物理空间触发为主观想象中的一种意境，即从有到无。意境的境界越高、意味越深，人的心理空间就越博大精深。齐白石的名作《蛙声十里出山泉》，尺幅之内，一群蝌蚪，经过几个字点题，空间得以被千百倍地突出。建筑也是如此，镇江焦山别峰庵郑板桥读书的那间小屋中，经过"室雅何须大，花香不在多"的点缀，使人"品味"起来仿佛室内空间更大了，花更香了。古人追求的"无声色臭味""大音希声"的"汪洋淡泊"之境，也许就是这种超然"天乐"之境。

　　朱建宁认为："意境是把'取境''缘境'获得的'意象'再置于心中加以审视，借助客观物象与主观情思的结合而进入心理空间并与象外相通，进而产生的一种'象外之象，景外之景'。"③ 对于中国传统文化来说，"意境"精神图式是受儒家关注的人与社会关系的"理"，受佛家关注的人与自我关系的"神"和受道家关注的人与自然关系的"道"所共同构成的主体意向性结构。胡塞尔认为，意向性是先验的，处于潜意识阶段，是有关思想的"观念"和"意义"。

　　什么是象？什么是体？什么是意境？王国维在《人间词话》中解释，意境就

①　何二元.言象意的世界：试论中国古代文论系统[J].杭州教育学院学报,1996(3):14-25.
②　彭一刚.中国古典园林分析[M].北京：中国建筑工业出版社,1986.
③　朱建宁."立象以尽意,重画以尽情"——试论意境理论的文化内涵与创作方法[J].中国园林,2016(5):86-91.

是在情景交融时达到物我合一的境界，人在其中触景生情，睹物思人，由人到己，自古推今，中国山水园林、诗画就是寓情于景、情景交融的代表。在中国传统美学中，情景交融所规定的是"意象"，而不是"意境"。中国传统美学认为艺术的本体就是意象，任何艺术作品都要创造意象，都应该情景交融，而意境则不是任何艺术作品都具有的。意境除有意象的一般规定性之外，还有自己的特殊规定性，意境的内涵大于意象，意境的外延小于意象。那么意境的特殊规定性是什么呢？唐代刘禹锡有云："境生于象外。""境"是对于在时间和空间上有限的"象"的突破，只有这种象外之"境"才能体现作为宇宙的本体和生命的"道"。

从审美活动的角度看，所谓"意境"，就是超越具体的有限的物象、事件、场景，进入无限的时间和空间，从而对整个人生、历史、宇宙获得一种哲理性的感受和领悟，这种感受和领悟是深沉的、无限的、哲理的、整体的。西方古代艺术家们给自己提出的任务是要再现一个具体的物象，所以如古希腊雕塑家追求"美"，就把人体刻画得非常逼真、十分完美。而中国艺术家不是局限于刻画单个的人体或物体，并未把这个有限的对象刻画得很逼真、很完美。相反，他们追求一种"象外之象""景外之景"。中国园林艺术在审美上的最大特点就是有意境。中国古典园林中的亭台楼阁，其审美价值主要不在于这些建筑本身，而是如同王羲之《兰亭集序》所说，在于可使人"仰观宇宙之大，俯察品类之盛"。

我们生活的世界是一个有意味的世界。陶渊明有云："此中有真意，欲辩已忘言。"艺术就是要去寻找、发现、体验生活中的这种意味。有意境的作品和一般的艺术作品在这一点上的区别在于，它不仅揭示了生活中某一个具体事物或具体事件的意味，而且超越了具体的事物和事件，从一个角度揭示了整个人生的意味。所以，不是任何艺术作品都有意境，也不是任何好的艺术作品都有深远的意境。清代王夫之就比较过杜甫的诗和王维的诗。他认为杜甫诗的特点是"即物深致，无细不章"，有人写诗就是怕写不逼真，杜甫则太逼真了。而王维的诗则能取之象外，所以他说杜甫是"工"，王维是"妙"。

中国艺术的这种意境，其美感实际上包含了一种人生感和历史感。康德曾经说，有一种美的东西，人们接触到它的时候，往往感到一种惆怅。意境就是如此，这是一种最高的美感①。

---

　① 摘自叶朗的《说意境》。

6.3.1　旷奥空间

风景旷奥概念最早见于唐代文学家柳宗元的《永州龙兴寺东丘记》。以意象来看，"奥"可以互训为含蓄、间接、多义、丰富的"隐"，"旷"可以互训为鲜明、具体、生动、单纯的"秀"。以"气"来解读旷奥，旷是阳刚，奥是阴柔。

王维在《山水论》中曰："远山不得连近山，远水不得连近水。山腰回抱，寺舍可安；断岸坂堤，小桥可置。有路处人行，无路处林木，岸断处则古渡，山断处荒村，水断处则烟树，水阔处则征帆……"旷有如中国人讲求的空、虚，常让出一个空间来留有余地，让观赏的人自己去思考。

旷奥空间还体现在声音之上，"无声之声""造化自然之音乐"的天籁之音有如旷，见图6-7。

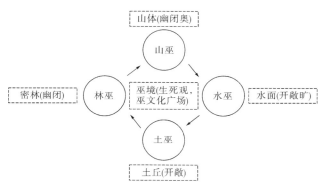

图6-7　旷奥空间图示（里耶古城国家考古遗址公园）
（图片来源：上海刘滨谊景观规划设计工作室）

1. 封闭度

对于传统风景园林来说，越难被外人理解的空间就越深奥。外部封闭性强，内部道路循环贯通，道路交叉口多，道路转折次数多且转向时间间隔短，有较多死胡同与空间要素以及形态相似等条件都能形成让人难以理解、充满想象的奥空间。

2. 幽静度

幽静度较高的空间就是奥空间。朱熹曰，"寒灯耿欲灭，照此一窗幽"，这里的幽静既是物理空间向度上的绝对安静，也是"此虽眼前语，然非心源澄静者不能道"的心理宁静（清幽）。而"心源澄静"正是中国传统文化所提倡的精神品格。

空间幽静度。当空间足够幽静的时候就能满足人自我内审的冥想，从而成为冥想空间。冥想空间是一种内向思索，是注重神韵的空间，在外部环境的信息刺激达到完全隔绝的状态时效果最好，"桃花源"就是这样一个清幽的空间。

3. 明暗度

光线的明亮与晦暗能影响人心理对空间旷奥的认知。越明亮的空间就越容易感知旷空间的体验；相对的，晦暗的空间对奥空间的感知就越明显。

6.3.2　联想空间

中国传统写意空间重在"兴"，"兴"转换为西方心理学语汇就是"联想"，这种联想不是自由的联想，而是对物和己之神相联系的神思。如康熙来到承德避暑山庄，就近有古松、远有岩壑的景色而诗兴大发："云卷千松色，泉如万籁吟。"让人浮想联翩，产生愉悦（图6-8）。西方学者艾迪生认为想象愉悦分为两类：一类来自眼前对象及其激发出来的在思想里可见而实际没有的对象，他将其称为初级想象的愉悦；另一类来自将初级想象进行比较的心理活动，即第二想象愉悦。

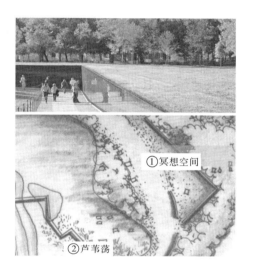

①冥想空间

②芦苇荡

图 6-8　联想空间（里耶古城国家考古遗址公园）
（图片来源：上海刘滨谊景观规划设计工作室）

袁枚在《随园诗话补遗》中说，"诗家两题，不过写景言情四字"，其中的写和言是意与情的表达方式。

1. 空间趣味度

传统园林多崇尚意趣，凡是能引起人联想的东西都是有趣味的。这个趣有注重世俗生活功利的"情趣"，如诗如画一般优美的"意趣"，崇尚自然朴实粗糙的"野趣"，崇尚怪诞变异的"奇趣"等概念。

2. 空间遐想度

人总是企图通过知觉定势①对感知对象加以组织化和秩序化，来避免过高期

---

① 知觉定势：个人的知识、经验、兴趣，别人的言语指导或环境的暗示，会促使知觉判断的心理活动处于一定的准备状态而具有某种倾向性。

望的不确定性和变化性，将环境足够清楚地标识出来，可提高空间的可预见性和秩序性，从而增强对环境的理解和适应，使自己能够对周边环境很好地进行控制。在现实生活中，当人来到一个陌生环境时，往往希望能尽快地产生对环境空间结构化的认知，方向感、秩序感和标识性这三个重要需求均可通过设计环境来满足。对三者进行平衡化的设计，就能为即将展开的空间探寻提供可预见性的图示（图6-9）。

图6-9 令人浮想联翩的空间景深

所谓意境路径，就是用中国传统风景的意境审美精神图式去组景。通过组景以突出景点，在空间感受旷意，在情为畅，而在朗者心胸开阔，精神振奋，意气风发，这就是起了作用，而导线组成的节奏所起的作用就更为深刻了，所以组景重在意境。写意的路径其实就是一种对时空转换过程在意蕴上的整体把握。

3. 空间猜测度

与写意空间相关联的指标有空间猜测度。空间猜测就是人对不能直接感知的空间运用心理图式进行有根据的猜测，以达到心理补形的过程，它是在缺乏直接经验证明时达到结论的一种理性手段心理学家勒温（Lewin）也考察过凯拉的绕道问题。通过凯拉试验中的一岁半幼儿的心理空间的活动，可以发现，所谓洞察就是心理空间的认知构造被重新组织的过程。

4. 空间偏好度

中国传统风水理念其实就是一种景观偏好度。长期自然选择的结果使人类养成一种依靠视觉来感知景观的习惯，并具有对视觉环境（景观）的吉凶及空间结构特点做出评价的心理能力。尽管这种能力对现代人来说已失去其原有的风水意义，但它对现代人的文化景观审美偏好的影响是不可被低估的。

空间设置会强化心理认知的偏好。从空间中群体活动的发展来看，前一阶段

的决策判断与行为结果又有可能是他
人及后一阶段行为活动的自变量，并
对空间中的整体效应产生影响。

6.3.3 势空间

冯纪忠先生认为，设计就是要因
势利导、因地制宜，借助势来导引，
最终产生具体的形。借助心地（意）
与实地（境）的结合而成的势，借助
着势，推动意成象，象然后才成形，
并 据 此 做 出 适 宜 的 空 间 形 态

图 6-10 白浪河环境综合整治开发北辰
绿洲景观绿化工程
（图片来源：上海刘滨谊景观规划设计工作室）

（图 6-10）。丁芮朴在《风水祛惑》中说： "风水之术，大抵不出形势、方位两
家，言形势者，今谓之峦体；言方位者，今谓之理气。"王其亨认为，观风水最
重要的是主张空间布局应符合 "百尺为形，千尺为势" 的 "形" "势" 空间原则，
人们寄托于借助或调整自然环境的神力来调解人与自然、人与社会，以及人与人
之间的形势关系，以祈求生存、发展和审美。

1. **形势**

南朝萧绎在画论《山水松石格》里讲： "设奇巧之体势，写山水之纵横……
素屏连隅，山脉溅朴，首尾相映，项腹相迎。"他已意识到作为山水客体的 "形
势"。可以说 "远观其势，近观其质" 是中国重用势 "写意" 而轻描述 "画形"
的注解。"体势" 可以分为竖向的势和横向的势，竖向有如中国画的大挂轴，横
向有如长卷，如北宋张择端的《清明上河图》和王希孟的《千里江山图》。势是
在形象之外的，是一种形势。这种形势可以是需要一定规模、强有力的大形势，
也可以是规模较小、形成小中见大的小形势，也可以是按空间方位由上而下的压
迫之势，由远而近的悠然之势等，风景空间一定要依势而动，才能获得与自然空
间形势的统一，产生相应的意境。

2. **气势**

郭熙在画论《林泉高致》中说道，山水的云气、烟岚四时不同，春夏秋冬都
不同，远看近看不同，正面、背面、侧面不同，早晚不同，阴晴也不同，形状意
态万变。画山水中人的意态也随四时而不同，人看到的东西反映到行为上也不
同，看风景，或思行，或思居，或思游。他提出了 "气势"，这个 "势" 字很重

要，有了它，才引申到山有脉络。

3. 情势

还有一种"势"，需要人的心理去补形感知。如南宋马远、夏圭画半边山水，是从小的推想到大的，从画里推想到画外，这是一种"情势"。《礼记·乐记》书："凡音者，生人心者也。情动于中，故形于声。声成文，谓之音。"刘勰在《文心雕龙·定势》中说："夫情致异区，文变殊术，莫不因情立体，即体成势也。"可见势是情的体现，有情才能体悟景之势。

第 7 章

人与自然：评价与实践体系的构建

7.1 天人合一的审美图式

所谓审美感受的天人合一，即重在客体的"由形入神"与重在主体的"缘心感物"两种审美方式，通过"从观到悟"形成统一的审美连续体，自身呈现一种三元对应的网络关系，即物之美的层次、人之美感层次、人的审美行为层次，三者的关系达成某种和谐的连续对应状态，就产生了最佳审美图式（图7-1）。正如王国维所说，"诗人方物须入乎其内，又须出乎其外，入乎其内，故能写之，出乎其外，故能观之，入乎其内，故有生气，出乎其外，故有高致"。

7.1.1 自天而物而人

中国古人一直很重视对美的本原思考，认为自天而物而人是美的本原。美降之于天，显之于物，识之于人，心动源于物，物动则源于天，后人都是按照这个模式来论美的本原的。这里的"天"不是与地对峙的日月之天，而是化身天、地、人及万物的那个混元的天，是先于人，超于人的世界；而所谓"物"是社会事物与自然景物在内的人的世界；在这里，"人"的意义仅限于有意识，能够反

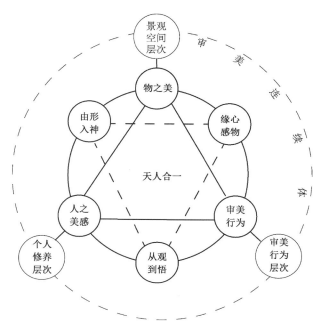

图 7-1　天人合一的审美图式

思，能够通过物而上推至天，找到美的根源，并按照美的最后根源来创造美。由此，审美被引向超现实的世界，引向人的自然化，人只有借天之势，才能达到大美。

7.1.2　自人而物而天

中国古代思维是一种返本式思维。由人到物到天即回到美的起点，是审美的去向。中国古代认为最高的审美快感是与天合的"天乐"。"天乐"就是"至乐无乐"中的"至乐"，它是人乐的对立面，有人乐便无天乐，有天乐便无人乐。

评价体系的三元架构

"由形入神"与"缘心感物"是中国人感知审美连续体的两种方式。尽管"缘心感物"是传统审美的主要方式，但"由形入神"与"缘心感物"作为一个完整的审美连续过程必须是交叉影响、互为主客体的。

7.2.1　目标层：　真—善—美和象—体—意

1. 异质同构

基于前文所述观点，哲学与艺术同构，就传统风景园林本身而言，构成了哲学—诗书画—园林的空间异质同构关系，目标层结构见图 7-2。

图 7-2　目标层结构关系

2. 真—善—美

基于传统风景感受的景观空间和行为评价体系最上层的目标（价值取向），即实现景观空间的"美"、景观行为的"善"、风景感受的"真"三个审美目标（图 7-3）。景观空间的"美"体现的是物理空间、直觉空间、意象空间和意境空间的审美连续一体化，指的是四个空间层次自身的形态美及其关系的整体统一美。景观行为的"善"体现的是个体与群体行为的健康、效能和情绪的和谐。景观感受的"真"体现的是超脱物质和情绪的至真至美至善，是人在对物的观照过程中发现自己的人格与自然之天、伦理之天以及个性之天相融合时，获得了天人合一才能获得的最高审美体验，就如 Gertrude Jeky Ⅱ 认为的："园林的目的是使人愉悦、畅爽，是抚慰、陶冶、提高人们的心境，从而进入崇高的精神状态"。因此，"美""善""真"是整体合一、互为补充的，人在审美的过程中或多或少都会涉及这三点，因而这三点也成为中国审美评价与实践的最高目标。

3. 象—体—意

评价和设计的目标还包括"象←→体←→意"的双向互逆过程是否完整和顺畅。曾奇峰认为，"由'象'到'体'，是由经验内容而形成经验框架；由'体'而'意'，是从可以分析的框架到不可言说的意识整体"。同时，清楚追求的境界是中国传统美学思想最为独特的地方，王国维在《人间词话》中说："言气质，言神韵，不如言境界。有境界，本也；气质，神韵，末也。有境界而二者随之矣。"言境界，则气质、神韵自然在其中。

7.2.2　系统层：　中西互为体用

本书设定中国传统审美感受、景观审美行为和景观空间美三者是平行的、互为因果的关系：以"自天而物而人"作为审美本原，从"由形入神"发展到"自人而物而天"的审美去向，依靠"缘心感物"去体会，这是一种通过"由观到悟"的逻辑关系。中国传统审美感受更注重感性，因而导致本审美评价体系不是一个层次清晰的垂直等级结构，而是一个复杂模糊的交叉网络体系（图 7-3）。

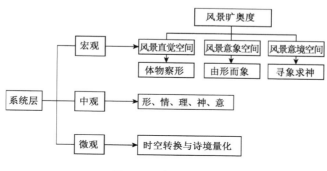

图 7-3　系统层结构

　　传统审美感受的系统层级包括"体物察形"←→"由形而象"←→"寻象求神"三个不同审美境界之间的逻辑互推关系；景观空间的系统层包括"直觉空间""意象空间""意境空间"；由"直接审美感受""审美心理行为""审美精神行为"所构成的景观行为系统层应该承担在景观空间中心与物之间的沟通作用，即"由形入神"和"缘心感物"的"观"与"悟"的感知过程。

1. 宏观层面：三境界

1）境界一：直觉空间→直接感受←感动

　　人通过感官感知环境后获得的直接感受是景观得以产生的必要条件。对于一个正常人来说，视知觉是美学感知和体验的基础，听觉、嗅觉、触觉、动觉是视知觉的补充，这些感觉综合起来就感动了人。

　　中国传统风景感受比较注重人的直接真实感受，"真"是一个知行合一的词，包括真心和真行，真心就是真心觉得好的意识，真行就是真心意识下的行为，包括真言行和真体行，真言行就是真心意识下的言行，包括真语言和真文言。

2）境界二：意象空间←→心理行为←→情动

　　人出于自我需要，通过对景观空间的行为体验后产生情绪，可以说"行为空间←→认知体验←→动情"是一个完整的体系。观景不仅是一种被动的感觉行为，还是一种全身心主动体验的认知行为。感受体验分为两层，一层为感官上的审美体验，即感官—审美图式；另一层为精神性的高峰体验，即心理—审美图式。

3）境界三：意境空间←→精神行为←→意动

　　可以说"心理空间←→审美行为←→意动"是一个表意的体系。正如前文所说，"美不自美，因人而彰"这个命题阐明了景物要成为"美"，必须要有人出于超我需要的审美意识去"发现""唤醒"和"照亮"它，使它从实在的物彰显为有意蕴的审美意象，使人心动。中国传统的审美方式往往和悠游的生活相结合，人不是为了观景而观景，而是在生活的过程中完成审美上的愉悦。唐君毅说："中国文学艺术之精神，其异于西洋文学艺术精神者，即在中国文学艺术之可供人之游。"① 游者回归于自然山水之中，怀抱着轻松闲适的人生观，在自然山水中谈古今、览山水及观虫鱼等，在悠游戏谑中成就一种"神与物游"的生活方式。

"精神—行为"是一组对位关系，感受美学落到行为上是其风景感受美学内涵的物化或外在体现，而其内涵的产生依托于风景感受美学源于怎样的哲学文化本体，因此，从哲学方面进行考量是必要的前提。

2. 中观层面：形、情、理、神、意

冯纪忠先生基于中国风景园林设计哲学价值观，论述和解读了中外园林的发展脉络和特征。他把中国园林发展历程概括为五个时期：

（1）重形时期（春秋—两晋）：此时为铺陈自然如数家珍的时期，以再现自然来满足占有欲，其外部特征是象征、模拟和缩景。

（2）重情时期（两晋—唐）：山水园时期，以自然为情感载体，顺应自然以寻求寄托和乐趣，其外部特征是交融、移情、尊重和发掘自然美。

（3）重理时期（唐—北宋）：画意园时期，以自然为探索对象，师法自然、摹写情景，手法上强化自然美、组织序列、行于其间。

（4）重神时期（北宋—元代）：野趣园时期，反映自然，追求野趣，入微入神，表现为掇山理水、点缀山河，思于其间。

（5）重意时期（元代—清代）：创造自然，以写胸中块垒，抒发性灵，表现为解体重组，安排自然，人工和自然一体化。

中国的园林发展是循序渐进的，自然的"形、情、理、神、意"，就像老人脸上的皱纹，刻着悲欢离合、喜怒哀乐的痕迹。

3. 微观层面：时空转换与诗境量化

以刘滨谊团队的《龙门石窟世界文化遗产园区战略规划》实践为例，具体方法是以诗词与景观之间的相互依存关系为基础，把诗词中意识化了的景观形象通过再现、借喻、解构和重组等途径构建的模型转换成景观视觉形象，实现景观时空上的穿越变化，将景观中体现的时间和空间进行量化分析，确定明确的风景园

---

① 唐君毅.中国文化之精神价值[M].南京:江苏教育出版社,2006.

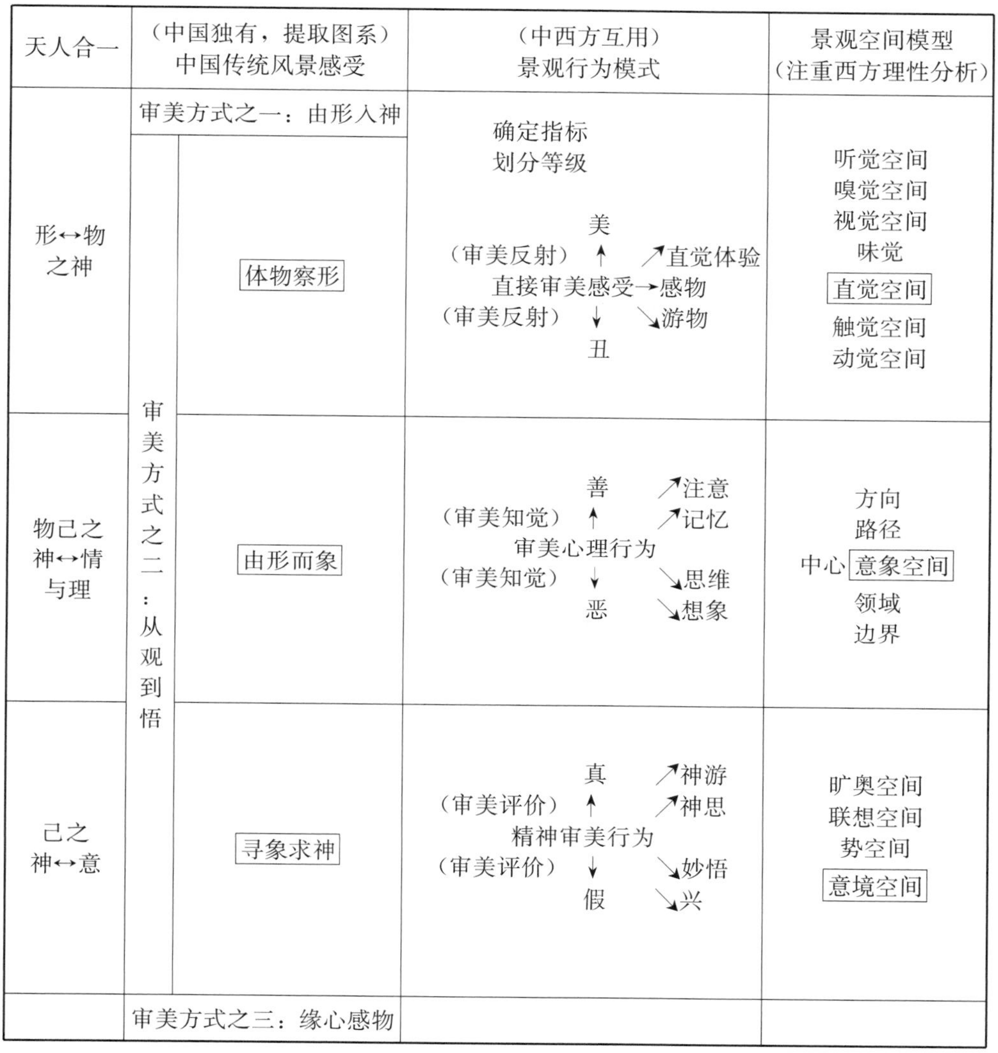

天人合一	（中国独有，提取图系）中国传统风景感受		（中西方互用）景观行为模式	景观空间模型（注重西方理性分析）
形↔物之神	审美方式之一：由形入神		确定指标 划分等级	听觉空间 嗅觉空间 视觉空间 味觉
	审美方式之二：从观到悟	体物察形	美 ↗直觉体验 （审美反射）↑ 直接审美感受→感物 （审美反射）↓ ↘游物 丑	直觉空间 触觉空间 动觉空间
物己之神↔情与理		由形而象	善 ↗注意 ↗记忆 （审美知觉）↑ 审美心理行为 （审美知觉）↓ ↘思维 恶 ↘想象	方向 路径 中心 意象空间 领域 边界
己之神↔意		寻象求神	真 ↗神游 ↗神思 （审美评价）↑ 精神审美行为 （审美评价）↓ ↘妙悟 假 ↘兴	旷奥空间 联想空间 势空间 意境空间
	审美方式之三：缘心感物			

图 7-4　中国风景感受美学审美过程与审美方式

林规划设计内容和时间跨度与空间尺度，将古代历史上的诗词与现实的风景园林场景相结合，将传统文化融入现代风景园林规划设计当中，实现景观时空转换的多赢（图 7-4）。

7.2.3　实施层：从诗书画里提取词汇指标

各系统层分别选取若干个反映系统节点的概念性指标。这里的指标不是一个能明确定义的概念，因为中国传统美学的许多概念自身带有模糊性，在不同层

次、不同角度上具有多种含义，而
不同的指标之间在某些方面又会重
合难以分辨，所以由概念生成的指
标也具有模糊性，具体结构如
图7-5所示。

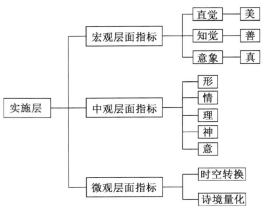

图7-5 实施层结构

根据物的属性来划分的指标不
同于中国根据审美感受来划分物的
指标，如"枯藤老树昏鸦"是悲伤
情感的表达，因而归在"哀"的情
绪表达范畴之内。

1. 宏观层面指标——美、善、真

1）美：夫美不自美——直觉空间

柳宗元在山水诸记中始终认为凡具有美质者，大都须据其特质进行改造其美
才显，只有"择恶而取美"，美景才出；最后还需要"美在扬之"的能力，即能
以诗、文、画、书法等艺术形式传之扬之。

2）善：致良知——知觉空间

"善"之美，一般为儒家伦理之美。古人通过一系列词、物、形来解释、
转译它，把它用在风景园林营造之上，使园林成为"无声之诗""养心之术"，
具有伦理上的意义与价值，成为古人恪守为人处世原则和实现精神自由的依托
和象征。如"吉""福""祥"等字词，"兰""竹""梅""菊"等自然植物，山
川高耸之形、大河奔腾之势等，都能赋予风景以清高洁性。

3）真：本真，人与自然——意象空间

古人在描摹山川，寻找天地自然之美的同时被给予、被震撼，从而捕捉到这
种直观的心得，形成所谓的"万物之理"，从而"夺其真""写其神"。这种彼岸
的"真""理""神"与此岸的"善"与"恶"、"美"与"丑"、"真"与"假"是
不一致的，它们包含并超越了后面这三对范畴。

2. 中观层面指标——形、情、理、神、意

黄一如在他的博士论文《自然观与园林伴生的历史》中对冯纪忠的园林观做
出进一步阐释，其论文以人为环境整体的描述性结构建构并以此建立了人与自然
和谐共生的场所理论体系，该体系由物之汇聚、形之揣摩、情之移入、理之探
求、神之外理和意之表达等几方面组成。他在冯先生的"形、情、理、神、意"

的基础上提出了"物、形、情、理、神、意"（表 7-1），增加了园林的雏形阶段，即包括周朝及其以前的园林的"物"的阶段。

表 7-1　　　　　　　　　　　　人与自然的六个发展阶段解读

	自然观	风景园林指标
物	寻仙问道	幻境、仙境构建
形	象征、缩景、模拟	山水具象化
情	欣赏自然 模拟自然	一池三山
理	艺术技巧、"形似"与"抽象"并重	园林植物组景分割空间
神	心物合一、视觉活动与想象力结合	仿湖山
意	主体意向创作	人工与自然一体化、抽象化的具体

3. 微观层面指标——提取诗词中的词汇

景观视觉的时空转换规划设计利用了视觉形象与知觉感受二者之间可以相互转换的特性，通过将意识化了的视觉形象进行规划重组，进行景观意象的模型构建，从而完成了知觉体验到视觉景观形象的象征表现，这样一来，表象中的空间物就具有了超验性。

转译的诗词中影响景观空间与诗词歌赋的相互交织是中国风景园林的重要特征，空间之感与诗词之情的交融是中国风景园林感受的基本形式，中国风景园林规划设计与中国诗词创作相互作用、相互启发。概括来说，诗词是意识化的景观，景观是外化了的诗词。

中国诗词的表述方式可以分为以下两种，一种是直译的，另一种是转译的。直译的诗词通过具象的描述记录下所见的景观形象，包括事物、人物、事件等；转译的诗词通过记录诗人当下所见的景观形象时产生的心理感受，给读者更多关于其所见内容与感受的想象空间。当然，无论是哪一种表述方式，在应用到景观规划设计中时，都无可避免地受到人主观因素的影响，对于诗词的理解与领悟在我国也有着常规的方式与习惯，至今成为一个国家独有的文化习俗，就像传统的道德与是非观念一样深入人心。正是因为有了这种潜在的文化影响，我们才可以将其作为景观视觉感受与设计应用的重要根基。视觉的要素更多是意象的，比如感受性要素：生理感受（香、净）、心理感受（静、空）；想象性要素：主观想象要素（旷达、深远、奥秘、神奇）、引申想象要素（久远、沧桑、神圣、永恒）。

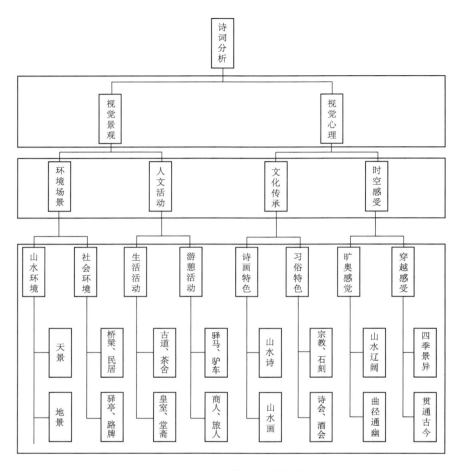

图 7-6 时空转换机制模式

时空转换是诗词和风景园林创作的共同追求，这里所讨论的时空转换是指根据诗词的时空描述，再现景观视觉的时间与空间（图 7-6），是由诗词到风景园林视觉的时间与空间上的转换，目的是要让体现了时间和空间的风景园林的视觉感受量得以最大化和无限化。

 7.3 评价标准构建与指标提取途径

构建基于中国风景感受美学的评价标准，并依托此标准提出符合中国风景感受美学价值的感受途径范式。

7.3.1　基于中国风景感受美学的评价标准

依托"形—情—理—神—意"的感受层次可总结为：

"体物察形"—"由形入象"—"寻象求神"这三步的中国风景园林的审美过程。同时，哲学的异质同构使哲学成为风景园林审美方式的"形而上"，见表 7-2。

表 7-2　　　　　　　　　　　中国的风景感受与哲学同构的脉络

哲学有无	超道德价值
代表	道家思想
知识论（本体论）	异质同构（无主客体）
形而上	理学、心学等
阅读方式	审美连续体
语义	言外之意
世俗化	书画转译

中国风景感受美学的评价在以上述"五境界—三完形——同构"的诠释与确立中完成（图 7-7）。"五境界—三完型——同构"是中国风景感受美学的概念图示，"五境界"是冯纪忠先生提出的"形、情、理、神、意"五个境界，"三完型"概括的是风景感受美学的不同阶段，"体物察形"是初级感受阶段，"由形入象"是中级阶段，"寻象求神"是高级阶段，"五境界"与"三完型"形成对应关系，"一同构"是指统领风景感受美学的形上学是哲学，因为形而上与传统风景

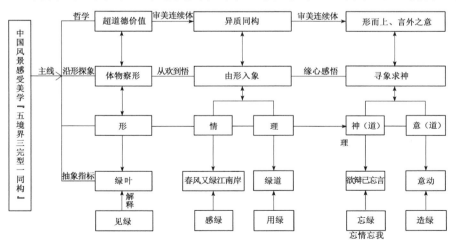

图 7-7　中国的风景感受美学评价图示"五境界—三完型——同构"

园林是异质同构的关系，因此通过审美连续体这样的阅读方式，哲学通过风景园林被"看到"了。根据中国风景园林感受美学的发展脉络可以得知，中国的审美方式是审美连续体的方式，所以对于感受的层次并不是泾渭分明的，从层次一过渡到层次二是在于内在的"悟"道，领悟了就是"得"道了，今天没有领悟，也许下一次就逾越了，这在于个人的修为。

7.3.2 基于景观感受的西方定量表达

西方强调主客体，分出了主体客体，其价值观是要求泾渭分明，因此定出明确的标准，这就是西方为什么在 20 世纪 80 年代以后并没有在心理感受这个向度上继续出现新的理论，而是全面地进入了感受的技术层面，也就是在寻找量化的方法，从而得出一个可以明确划分的数据作为评价标准的支撑。

7.3.3 中西互为体用的评价体系："级—量"

中学为"级"，西学为"量"，以中国文化来定级，西方文化来定量二者可互为体用。中国在这些年往西方走的路并没有完全跟上，而几十年来中国自己的风景感受的继承也出现了断层，现在二者是否还能结合呢？

中国风景感受美学与西方心理行为的融合是可以表述的，其一，在认识论层面，西方知识论的前提是划分主客体的二分思维，而中国传统讲究天人合一的整体思维，通过三元论

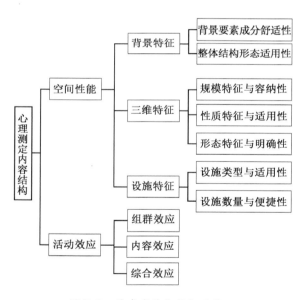

图 7-8　美感度量化指标示意

可以找到二者融合之处；其二，在方法论层面，西方方法长于量化，中国传统方法长于定级，二者可以形成相辅相成的互动关系（图 7-8）。

1. "绿"非绿

园林在中国的发展与哲学异质同构，当哲学的审美价值同构进入园林的审美

方式中，这就是审美连续体的同一性，在传统的风景园林感受要义中，哲学通过文人的山水诗、山水画和山水文得以世俗化，哲学"装扮"成了风景园林的样子，中国历史上有著名的哲学思辨"白马非马"，而风景园林在哲学的同构中也有"绿"的辨析。冯纪忠先生总结了"形、情、理、神、意"的中国感受美学的阶段，对应的哲学世俗化之后提取了的山水诗、山水画和山水文的词语，以"绿"字为代表可以解释每个阶段的内涵。在"形"的阶段，诗词提取"绿枝芽"，绿色就是这个阶段的内涵，可以概括为"见绿"；在"情"的阶段，可以概括为"感绿"，这个阶段已经脱胎于见绿的形而开始进入感绿，如"春风又绿江南岸"；在"理"的阶段，可以理解为"用绿"，绿在实施中被运用，即筑山理水、种花莳树；在"神"的阶段，可以理解为忘情忘我，这个时候是忘记绿色，如"欲辩已忘言"，就是"忘绿"，事物复杂到一定程度反而将进入"反者道之动"的过程，也就是物极必反的意思，即到达事物的简单性之前，必须先经过事物的复杂性，因此，该阶段可表达为"忘绿"；到了"意"的阶段，行文表达为"造绿"，就是自己内心的绿了，并没有真正见到绿或者感受到绿，而是自己意动，这个绿就是自己意念所萌发的绿，所以可以称之为"造绿"。

2. 基于中国风景感受美学的—"级"

中国风景感受美学自"旷奥"提出以来，随着冯纪忠先生提出的"时空转换"与刘滨谊提出的"诗境量化"，笔者将这个体系进一步充实。

景观空间设计的好坏会直接影响到进入场所的人的感觉和心情，从而影响到整个场所的受喜爱程度。当个体的风景感受与群组的风景感受相协调时，风景感受是积极的，反之则是消极的，如果没有产生任何的唤醒，风景感受则不存在。而每一类又可细分成不同的等级，中学为"级"，西学为"量"，中学定级，西学定量，表 7-3 和表 7-4 的内容是从中国文化中提取而来的。

表 7-3　　　　　　　　　　　　　　　宏观分级

	空间	提取（举例）	定级
美	直觉空间 （美不自美）	美感度	—
		美景偏好度	—
		感官愉悦度	—
善	知觉空间（致良知）	竹——高洁	
		松——宁折不弯	—

	空间	提取（举例）	定级
真	意象空间	人工化与自然合一	—
		"心学"的哲学建构	—

表 7-4　　　　　　　　　　　中观分级

	自然观	风景园林指标	定级
物	寻仙问道	幻境、仙境构建	—
形	象征、缩景、模拟	山水具象化	—
情	欣赏自然模拟自然	一池三山	—
理	艺术技巧、"形似"与"抽象"并重	园林植物组景分割空间	—
神	心物合一、视觉活动与想象力结合	仿湖山	—
意	主体意向创作	人工与自然一体化、抽象化的具体	—

3. 基于西方心理感受模式的"量"

景观空间作为一个物理存在的客观实体，对其进行指标量化较容易。但心理试验测量的对象是心理现象，而心理现象更多是隐藏在内心深处的个人主观意识，想要定量捕捉它是研究的关键与意义所在。有几种心理试验中常用的指标度量方法，分别是配对比较法、量级评估法、李克特量表法和语境差异法。

以宏观分级美感度量化指标为例，见表 7-5。

表 7-5　　　　　　　　　　　美感度量化指标表

美景度	指标大类	指标名称	形容词	各评级人数统计/人					各指标最终评价等级
				1	2	3	4	5	
可量化描述指标	空间组织	空间层次感	层次分明——层次模糊	8	22	23	27	8	4
		视野开阔度	视野开阔——视野封闭	12	36	27	7	6	2
		交往空间丰富度	丰富——匮乏	3	18	22	33	12	4
	建筑设计	建筑形体协调性	和谐——不和谐	—	—	—	—	—	
	景观组织	景观丰富度	景观丰富——景观单调	3	25	26	31	3	4
		植被覆盖度	高——低	18	45	14	7	4	2
		植被丰富度	丰富——单调	18	21	25	20	4	3

7.4 试验与实践方法的设计

　　心理试验是探求景观空间对心理影响的调查方法，而心理试验的关键性问题是心理感觉的量化方法。戴菲、章俊华通过研究提出了配对比较法、量级评估法、李克特量表法和语境差异法四种常用的量化方法，对这四种量化方法相互校核后，并论述了如何在景观规划设计中具体应用。

　　物质空间的规划设计应该满足使用者的行为活动需要，但是如果单从表象捕捉这些行为活动，由于人们行为活动的不规则性和变化性，捕捉起来非常困难。于是，把握产生行为活动背后的心理因素就变得尤为重要，这也就成为行为心理学所探求的研究领域。戴菲指出，在处理关于空间与环境等方面问题时，心理学的试验相对有效。如当人感到紧张不安时，心理的情绪变化会在脉搏的波动中反映出来。因此，不少关于环境与心理关系的研究，会通过测试使用者的心跳数进行心理试验。通过测试到使用者心跳数的差异，可以反映作为试验对象地的不同类型环境，有的让人放松平和，有的让人紧张不安。进一步分析总结产生这些心理差异的环境设计元素的特性。戴菲、章俊华的研究方法对本书的风景感受量化十分重要，为本书建立评价体系和指导环境设计方面提供了新的启示。

　　探求心理因素的试验，思考的方法是可以通过试验得到的，输入物理刺激，得到信息数据，这些数据是可以被测量的。因此，心理因素的试验与自然科学一般使用的试验方法是一样的。同时，试验与调查观察的不同在于，调查观察是基于现实状况，不能提出限定的环境条件，只能得到一个定性的关系，但是试验可以通过限定条件、系统操作，将多余的干扰因素剔除，从而能够解释出精确的因果关系，得到定量的分析结果，把握由此产生的变化数值。这使试验方法更具有科学性。再者，试验方法的一个较大优点是其操作的精确观察，即在同一条件下，同一试验方法的反复检验和不同的试验方法的互相校验。

7.4.1　风景感受美学试验方法——"级"

1. 基于风景感受美学的试验方法一：哲学世俗化

通过将指标提取成哲学世俗化，以分析风景感受，可见表 7-6。

表 7-6 风景园林哲学世俗化过程

诗名作者	风景园林词汇提取	出处	哲学要义
柳宗元	美不自美	美不自美， 因人而彰	王夫之的"相值而相取"， 感兴活动（心学）
白居易	阅水	世如阅水应堪叹， 名似浮云岂足论	急流勇退
刘长卿	风清	寂寞群动息， 风泉清道心	趋利避害
柳宗元	形释	心凝形释， 与万化冥合	庄子的"天地与我并生，而万物与 我为一"万物冥合
李白	浮云	天地一浮云。 此身乃毫末。 忽见无端倪， 太虚可包括	神合之感，万物冥合
李白	闲云	当其得意时， 心与天壤俱。 闲云随舒卷， 安识身有无	天人合一
潘佑	万象	凝神入混茫， 万象成空虚	神形合一
柳宗元	游息	君子必有游息之物	无目的、无功利的审美活动和建功 立业的人生追求（这是儒家的传统 思想）在个体身上统一起来，如 "能兴即谓之豪杰"
王维	芙蓉、涧寂	木末芙蓉花， 山中发红萼。 涧户寂无人， 纷纷开且落	穷则独善其身， 达则兼济天下
白居易	云林	乱藤遮石壁， 绝涧护云林	避世
李峤	群乐	群心行乐未， 唯恐流芳歇	反者道之动
李白	棣华	桂枝坐萧瑟， 棣华不复同	—
白居易	随云	空山寂静老夫闲， 伴鸟随云往复还	愤世嫉俗

（续表）

诗名作者	风景园林词汇提取	出处	哲学要义
王阳明	先天	不离日用常行内，直造先天未画前	平常说的大道理，就在普通老百姓的日常生活中，就在他们与生俱来的行为习惯里，知行合一（心学）
白居易	云泉	且共云泉结缘境，他生当作此山僧	归隐避世
柳宗元	山水绿	烟销日出不见人，欸乃一声山水绿	王国维的"以我观物，故物皆著我之色彩。"（心学）
白居易	自在	谁知不离簪缨内，长得逍遥自在心	身不由己、逍遥自在
白居易	展眉	不如展眉开口笑，龙门醉卧香山行	丈夫一生有二志，兼济独善难得并。不能救疗生民病，那就展眉且笑，先修身（儒家入世思想）
柳宗元	施施，漫漫	施施而行，漫漫而游	环境审美参与是一个连续发展过程，其中必然包含感官意识的协调运作，进而上升为情感和精神的融合（审美连续体、乘物以游心，新道家、新儒家）
柳宗元	摇巅，动谷	风摇其巅，韵动崖谷。视之既静，其听始远	气韵生动，审美连续体
苏东坡	穿林	莫听穿林打叶声，何妨吟啸且徐行	豁达自在
柳宗元	织流	流若织文，响若操琴	气韵生动、审美连续体的阅读
柳宗元	胜地	地虽胜，得人焉而居之	哲学与艺术同构，风景园林也是修身养德的场所，景园反映主人的"良知"（良知为心学提法）

2. 基于风景感受美学的试验方法二：时空转换

时空转换正如前文所述，是以一种新的方式将东方的时空观与现代性结合起来，在空间中更加强化对时间的解读，对中国传统文化诗意时空的着力显现，如方塔园中的"何陋轩"就是时空转换理论的一个具体实践载体。

3. 基于风景感受美学的试验方法三：诗境量化

在时空转换的基础上，刘滨谊教授提出了"诗境量化"的理论。诗境量化是指根据诗词时空描述，再现风景园林视觉的时空场景，经由诗词转换到风景园林视觉的时间与空间，使体验者的景观视觉感受量得以最大化与无限化，使景观感受被量化，从根本上丰富了景观的承载内容，提升景观的视觉感受质量。

7.4.2　基于逻辑分析思维的心理试验的适用领域及方法——"量"

景观行为的心理试验研究主要集中于空间的环境设计。规划设计领域进行的心理试验，是全体对象，同时也不应该忽视个别群体的差异问题。心理作为行为的基础（像能力和性格这样的群体心理特质），在调查等的分析和说明中作为补充数据而应用广泛。能力与性格的测试，确切地说并不是试验，而是依据观察与检验来测试的。比如，北浦·卡霍努为了探求幼儿空间认知能力的发展阶段，测试了 100 名托儿所里 1～2 岁 3 个月大的孩子。结果发现，他们在 1 岁 6 个月左右大时开始具备对空间材质的辨别能力。

1. 语境差异法

感觉测量往往使用精神物理法的测量方法，即通过刺激感觉并记录随之带来的反应变化，客观地捕捉主观心理特质。以日本的武井正昭等从事过关于高层建筑前面的植栽对缓和建筑物所产生压迫感作用的研究为例，试验通过仰视拍摄高层建筑物与树木的比例关系，再请被试验人员一边观看各个场所照片，一边对这些场所进行从没有压迫感到非常有压迫感的 7 个阶段感觉进行差异评价。研究结果表明，当树木占照片全景的比率达到 6%～8% 时，能有效地缓和高层建筑产生的压迫感。语境差异法表格搭建见表 7-7。

表 7-7　　　　　　　　　　　　　　　语境差异法示例

	十分	有些	二者皆非	有些	十分	
愉悦的						不悦的
简单的						复杂的
不和谐的						和谐的
传统的						现代的

对景观空间的态度以及使用者爱好倾向的测量，与感觉测量不一样，往往使用语境差异法（Semantic Differential Method，SD）进行测量，即使用形容词评定尺度来测量景观空间的环境意象与情感效果。SD 法最早出现于心理学领域，是由 C. E. 奥斯顾德（Charles Egerton Osgood）在 1957 年提出的一种心理测定

方法，又被称为感受记录法。它通过言语尺度进行心理感受的测定，能直接听取
使用人群对场所的心理认识。SD 法首先由调查者抽提出描述客观环境的物理量
和心理量组成的形容词类设计 SD 调查问卷，其次依据人脑可以利用以往储存的
信息和经验，被调查者在 SD 调查问卷上对眼前事物进行评价打分，最后调查者
根据定量化的数据进行言语化。SD 法评价的基本步骤为：①选定研究对象；
②根据试验目的拟定评价尺度；③根据评价尺度拟定并制订问卷调查表；④收集
研究对象的资料以及发放问卷调查表；⑤数据分析。

　　SD 法与李克特量表法相似，要求受访者在两个极端之间进行选择。但是，
SD 法通常提供多对相反的形容词，可以进行多角度的测量。SD 法因为其严谨的
结构和感受多方位的测量，所以在空间环境的研究中应用广泛，特别是用于测量
场所的印象中。

2. 李克特量表法

　　李克特量表法（Likert Scale Method）是由美国心理学家李克特于 1932 年制
成的一种量表格式，指利用调查问卷标准化的答案类型来建立研究的测量层次。
该量表由一组陈述组成，这组陈述中的每一个陈述都由"非常同意""同意""不
确定""不同意""非常不同意"5 种答案组成，分别记作 1 分、2 分、3 分、4
分、5 分。借助这种方法将受访者的相对同意程度进行量化处理。李克特量表法
的优点在于它能通过清楚的顺序回答形式，避免了受访者"有点同意""十分同
意""真正同意"等不同程度类型的答案，使受访者的相对同意程度在统一格式
下进行量化。

　　李克特量表的构成较简单且易于操作，在心理试验中测量空间环境设计的态
度倾向、意义印象时，有广泛应用。在实际的应用中，除常用的 5 个等级的程度
差别答案形式外，还有 3 个等级和 7 个等级的形式。比如"同意""中立""反
对"的 3 个等级以及"非常同意""比较同意""有点同意""中立""有点反对"
"比较反对""非常反对"的 7 个等级。答案的分值赋予也可以灵活设置，比如 5
到 1 分、4 到 0 分，或者 2、1、0、−1、−2 等形式。

3. 配对比较法

　　配对比较法（Paired Comparison Method）也称相对比较法，即把多个试验
评价的对象，进行两两配对的测试评价。二者相比，价值较高的一方得 1 分。将
每次的配对比较结果相加，统计综合积分。依据综合积分进行由高到低的排序，
可确定多个试验评价对象的高低等级。这种方法适合心理试验中感觉和态度倾向

的评价，特别是需要同时评价多种试验对象时。例如，需要通过心理试验测试造园材质给游园者或冷或暖的心理感受。挑选常见的 12 种造园材质，如草地、大理石、花岗岩、青石砖、木材、玻璃和石膏板等。将 12 种材质进行两两配对，依据公式 $n(n+1)/2$，当 $n=12$ 时，可以有 78 种组合。每种组合中进行两种材质的比较，比如草地比大理石的心理感受暖一些，草地就积 1 分。最后统计各项材质的总分，可以得出各项材质冷暖感觉的差异排序。

4. 量级评估法

量级评估法（Magnitude Estimation Method，ME）指在能够进行数量判断的前提下，被试验者就试验时提出自身的观察感受，直接报告数值结果的方法。量级评估法在试验时通常会设定一个标准感官刺激作为评价的基准尺度。其他刺激与之比较，来判断强弱数值。因此，设定标准刺激时，强度既不太强也不太弱的较为适宜。其他刺激在标准刺激的基础上进行上下浮动为宜。例如，如果设定标准刺激为 100，当评价者觉得评价对象比标准刺激强 2 倍时，就应给出 200 的数值，当感觉只有标准刺激的 1/10 时，就应给出 10 的数值。量级评估法主要适用于心理试验中的感觉评价。

上述 4 种心理感受的量化方法各具特长。配对比较法适合多种试验对象的心理感受测量。量级评估法是心理感受的直接数值评价，较李克特量表法和 SD 法的 3、5、7 的等级划分评价更为精确细化。李克特量表法的优点在于创造了标准化的程度等级回答形式，进而赋予分值，将心理感受量化。而 SD 法较李克特量表法更进一步，引入形容词在两个极端之间的度量，可以多层次地测量心理感受。在心理试验的实际研究中，多种量化方式常共同使用，相互校核研究结果。目前笔者认为对于心理感受的量化比较有效的方法是李克特量表法，其对标准化回答进行打分，这个简单的过程是将感性的心理感受变成可以理性量化的数据。在进行试验和建模的实际研究中，是多种量化方式共同使用的，相互校核研究结果，然后进行互补。

7.4.3 试验条件

心理试验法的重要环节除心理现象的量化外，还包括试验中限定条件的设计。依据试验的定义，在限定的条件下，当条件系统地发生变化时，观察、测量以及记录所产生的现象变化等。因此，试验中限定条件的设计是颇费心思的难点，也是决定试验成败的关键点。针对空间环境的研究，作为输入的限定条件可以是实物，比如提供不同造园材质来测试心理感受；也可以是场景，比如依据研究目的，创造设计一个小空间。但这样的情形更多地适用于室内设计和建筑设计的小范围领域。像风景园林和城市规划等领域更多地研究大规模群体空间和户外公共活动空间。这种情形下多是借助照片等影像信息，如照片、录像和幻灯片等影像信息，其获取方法主要有两大类型：一种是去多个调查对象地进行大量现场拍摄，然后经过整理筛选出有代表性的影像信息，组织被试验者观看之后做出的心理感受评价，如曹娟等在关于北京市自然保护区景观的评价研究中，拍摄了被调查地（7 个自然保护区）1 522 张现场照片，选取每个自然保护区有代表性的照片，并按景观资源分类得到了 23 张作为分析样本的照片。研究通过幻灯片，每张照片展示约 2 min，让 40 名被试验者观看后填写 SD 调查表。另一种是建立仿真模型，通过模型获取模拟人们视野的照片等影像信息，然后组织被试验者观看之后做出心理感受的评价。这种方法的优势在于不局限于实际存在的研究对象地，也可以做出对未来场景的模拟。

7.4.4 可操作性预测

风景感受是一个开放的动态系统，其中包含着一些动态变化的因素：感受主体、感受手段、感受途径、感受种类、感受结果和感受客体，这需要就此提出一些可控制、可操作的预测指标。

7.5 结语

基于天人合一的审美图式，建构三元评价体系，以中国风景感受美学的中西互为体用之"级—量"，即以中国的方法论来定级，西方的分析法进行量化阐述，二者结合，形成本书理论的评价与实践体系。

第 *8* 章

结论与展望

　　本书通过对中国风景园林感受美学的哲学精神回溯，感悟了中国传统风景园林中的哲学价值，并以此为出发点，思考了何谓中国风景园林中的哲学"超道德价值"。在厘清人与自然的风景园林观中明确了风景园林的"超道德价值"，即风景园林旷奥空间的"第三层次"。第三层次的脉络以柳宗元的旷奥度理论为基础，以刘滨谊提出的中国风景旷奥空间评价的基本层次来构建，即以风景空间的物境、情境、意境的感受过程，与生理、心理、精神感受相对应的三个层次的风景空间，分别为风景直觉空间、风景知觉空间和风景意象空间。

　　本书提炼了第一层次至第三层次的风景旷奥空间的内在秩序，即"体物察形—寻象求神—缘心感悟"的感受美学。但是在当前全球化的大背景下，强调东西方差异已于事无补，当下亟需西方社会了解中国"第三层次"的风景园林超道德价值，同时需要合适的理论从"求同"和寻找"共性"的角度来建构以中国的风景园林为主结合中西合璧的理论。近几十年的西方思维主导，使中国传统风景感受美学的继承出现了"真空"与"断代"的情况，随着社会的发展和科技的进步，人类改造自然的能力在不断提高，亟待传统风景感受美学理论与当代西方价值体系进行"共生"与"融合"，从而获得新生。这也许是"德先生"和"赛先生"于风景园林的一场博弈，本书在明确了中国风景园林的哲学价值在世俗化的空间中满足了超道德价值的追求之后，研究的目标确立为依托三元论探讨关于当今风景园林本源、风景园林哲学和审美统一思想与"物我—本我—超我"的递进思想，并用此来共同构建基于中国风景感受美学的景观行为模式评价体系。同时建构出中西方互为体用的中国当代风景园林的哲学精神。

本书以风景园林三元论为指导思想，提出问题，分析相关理论，将中国风景感受美学与西方"心理—行为"的理论进行了并构，建构出"中国风景感受美学人与自然—评价与实践"的体系。西方的景观行为空间与中国传统感受美学精神的有机结合，通过"级—量"的评价体系来体现宏观（真、善、美）、中观（形、情、理、神、意）和微观（时空转换与诗境量化）的感受层次与评价方法。从认识论到方法论阐述确立了中国风景感受美学评价图式即"五境界—三完型——同构"。基于中国风景感受美学的景观行为模式的评价体系，以空间为载体，针对具体的景观行为模式提出的思路、方法和实施策略进行了实证研究，将评价体系的具体指标的研究成果融入设计流程，并结合实例开展技术方法的应用实践，为风景感受美学增加新的评价标准与实践参考。

本书对风景园林感受美学的现代性有如下几点思考：

（1）对中国风景园林的哲学溯源进行了梳理，并对传统风景园林的哲学阅读方式即"审美连续体"进行了剖析，构建了中国风景感受美学的当代哲学精神。

（2）对于风景感受美学的传统性与西方的审美价值理论进行了"共融""共性"的思考，并指出二者的"排他""排异"无益于中国传统风景园林感受美学的发展，探讨其"共赢"才是未来发展的趋势和研究的真谛，随之将二者"共通"的属性置于哲学范畴、理论和实践层面来思考分析。

（3）形成基于中国风景感受美学的景观行为模式评价体系，并探讨此评价体系的应用方法。

未来进一步工作的方向：

中国传统风景感受美学自成一派，历史上曾傲视世界，随着几十年西方景观学思想的冲击，中国传统风景感受美学的发展面临挑战，在新的全球化背景下，中国风景园林的精神与中国的哲学精神是同构的，世界再变，而人的精神性是一脉相承的，将西方的景观价值观与中国传统风景园林"人与自然"观点的思想性与实践性相结合，将构建的评价体系和对应的具体指标的研究成果融入设计流程，并结合实例展开技术方法的应用实践，针对具体的景观行为模式提出思路、方法、实施策略和论证研究是未来的主要研究方向。

参考文献

［1］冯纪忠,童勤华.意在笔先:庐山大天池风景点规划［J］.建筑学报,1984(2):40-42.

［2］冯纪忠.风景开拓议［J］.建筑学报,1984(8):52-55,83.

［3］曾奇峰."同而不和"与"和而不同":论环境营造规则与东、西方哲学的同构关系［J］.同济大学学报(人文·社会科学版),1996,7(2):19-25.

［4］杰弗瑞·杰里柯,苏珊·杰里柯.图解人类景观:环境塑造史论(修订版)［M］.刘滨谊,主译.上海:同济大学出版社,2006.

［5］成中英.世纪之交的抉择:论中西哲学的会通与融合［M］.北京:中国人民大学出版社,2017.

［6］冯纪忠.人与自然:从比较园林史看建筑发展趋势［J］.中国园林,2010(11):25-30.

［7］曾奇峰.象·体·意:人为环境的一般表意系统［D］.上海:同济大学,1995.

［8］柳宗元.柳宗元文集［M］.北京:中华书局,1979.

［9］冯友兰.中国哲学简史［M］.北京:中华书局,2019.

［10］刘易斯·芒福德.城市发展史:起源、演变和前景［M］.宋俊岭,倪文彦,译.北京:中国建筑工业出版社,2005.

［11］刘滨谊.风景园林三元论［J］.中国园林,2013,29(11):37-45.

［12］刘滨谊.风景园林学科发展坐标系初探［J］.中国园林,2011,27(6):25-28.

［13］周维权.中国古典园林史［M］.3 版.北京:清华大学出版社,2008.

［14］BLACKMAR E, SCHUYLER D, BEVERIDGE C E, et aL. Frederick Law Olmsted: Designing the American Landscape［J］. Environmental History, 1997.

［15］唐真,刘滨谊.视觉景观评估的研究进展［J］.风景园林,2015(9):113-120.

［16］APPLETON J. The experience of Landscape［M］. John Wiley & Sons, Revised edition, 1996.

［17］DERK DE JONGE. Images of Urban Areas Their Structure and Psychological Foundations［J］. Journal of the American Institute of Planners, 1962,28(4):266-276.

［18］C·亚历山大 S. 伊希卡娃,M. 西尔佛斯坦,等.建筑模式语言［M］.王听度,周序鸿,译.北京:知识产权出版社,2002.

［19］KAPLAN R. The analysis of perception via preference: A strategy for studying how the environment is experienced[J]. Landscape Planning，1985(12)：162-176.

[20] 刘滨谊.风景景观工程体系化[M].北京：中国建筑工业出版社,1990.

[21] HULL R，BUHYOFF G J，DANIEL T C. Measurement of scenic beauty：the law of comaprative judgment and scenic beauty estimation procedures[J]. Forest Science，1984(30)：1084-1096.

[22] 芦原义信.外部空间设计[M].尹培桐,译.北京：中国建筑工业出版社,1985.

[23] CRAIK K H，APPLEYARD D. Streets of San Francisco：Brunswik's Lens Model Applied to Urban Inference and Assessment[J]. Journal of Social Issues，1980，36(3):72-85.

[24] PAINE C. Design of Landscapes in Support of Mental Health：Influences and Practices in Ontario[J]. Environments ，1999，26(2):37-47.

[25] Cummins，S K，JACKSON R J. The Built Environment and Children's Health[J]. Pediatric Clinics of North America，2001.

[26] ROBERT B R. Attachment to the Ordinary Landscape[J]. Human Behavior & Environment，1992:13-35.

[27] BUYANTUYEV A，WUA J，GRies C. Multiscale analysis of the urbanization pattern of the Phoenix metropolitan landscape of USA：Time，space and thematic resolution[J]. Landscape and Urban Planning，2015.

[28] GEHL J. Life between buildings：Using public space［M］. The Danish Architectural Press，1987.

[29] DAVID E S，ERVIN H Z. Public value orientations toward urban riparian landscapes[J]. Society and Natural Resources，1989.

[30] ERVIN H Z，MIRIAM L B. Park-people relationships：an international revieW.［J］. Landscape & Urban Planning,1990.

[31] 冯纪忠,刘滨谊.理性化：风景资源普查方法研究[J].建筑学报,1991(5):38-43.

[32] 柳宗元.柳河东集[M].上海：上海古籍出版社,2008.

[33] 刘滨谊,赵彦.柳宗元风景旷奥概念对唐宋山水诗画园耦合的影响[C].中国园林,2014(2):54-56.

[34] 刘滨谊,唐真.冯纪忠先生风景园林思想理论初探[J].中国园林,2014,30(2):49-53.

[35] 顾孟潮.冯纪忠先生被我们忽略了：中国建筑师(包括风景园林师、规划师)为什么总向西看[J].中国园林,2015,31(7):41-42.

[36] 顾孟潮.由必然王国走进自由王国：重读"人与自然：从比较园林史看建筑发展趋势"[J].华中建筑,2015,33(7):4-5.

[37] 冯纪忠.组景刍议[J].同济大学学报,1979(4):1-5.

[38] 冯纪忠,赵冰.意境与空间：论规划和设计[M].北京：东方出版社,2010.

[39] 刘滨谊.方塔园·恩师·我[J].世界建筑导报,2008(3):42-43.

[40] 宗白华.中国诗画中所表现的空间意识[M]//宗白华全集:第二卷.合肥:安徽教育出版社,2008.

[41] 杨匡汉.缪斯的空间[M].广州:花城出版社,1986.

[42] 刘滨谊,唐真.冯纪忠风景园林专业教育思想、实践及其传承研究[J].中国园林,2014,30(12):9-12.

[43] 成复旺.神与物游—论中国传统审美方式[M].北京:中国人民大学出版社,1989.

[44] 王萌.柳宗元环境审美思想研究[D].济南:山东大学,2008.

[45] 刘滨谊.风景旷奥度:电子计算机航测辅助风景规划设计[J].新建筑,1988(3):53-63.

[46] 彭一刚.中国古典园林分析[M].北京:中国建筑工业出版社,1986.

[47] 杨公侠.视觉与视觉环境[M].上海:同济大学出版社,2002.

[48] 林玉莲.校园认知地图比较研究[J].新建筑,1992(1):39-44.

[49] 林玉莲.东湖风景区认知地图研究[J].新建筑,1995(1):34-36.

[50] 米佳,徐磊青,汤众.地下公共空间的寻路实验和空间导向研究:以上海市人民广场为例[J].建筑学报,2007(12):66-70.

[51] 徐磊青,甄怡,汤众.商业综合体上下楼层空间错位的空间易读性:上海龙之梦购物中心的空间认知与寻路[J].建筑学报,2011(S1):165-169.

[52] 朱东润,陈尚君.中国文学批评史大纲[M].上海:上海古籍出版社,2016.

[53] 范明生.西方美学通史(第一卷)[M].上海:上海文艺出版社,1999.

[54] 敏泽.中国美学思想史(第一卷)[M].济南:齐鲁书社,1987.

[55] 尚书[M].王世舜,王翠叶,译注.北京:中华书局,2012.

[56] 论语[M].陈晓芬,译注.北京:中华书局,2016.

[57] 陈靓.历史视角下的孔子与柏拉图美学思想比较研究[D].济南:山东大学,2009.

[58] 陈望衡.中国古典美学史(上卷)[M].武汉:武汉大学出版社,2007.

[59] 邓承奇,高伟杰.多元统一　中和至美:谈孔子的审美标准[J].齐鲁学刊,2000(1):8-12.

[60] 袁鼎生.西方古代美学主潮[M].桂林:广西师范大学出版社,1995.

[61] 凌继尧,徐恒醇.西方美学史[M].北京:中国社会科学出版社,2005.

[62] 邹英.西方古典美学导论[M].长春:东北师范大学出版社,1989.

[63] 曾繁仁.美学之思[M].济南:山东大学出版社,2003.

[64] 朱光潜.西方美学史[M].北京:人民文学出版社,1979.

[65] 薛永武.柏拉图美学之再阐释[J].齐鲁学刊,2001(5):93-98.

[66] 寇鹏程.知识美学与生命美学:从柏拉图与孔子美学的比较看中西美学的根本差异[J].浙江树人大学学报,2003(6):64-67.

[67] 杨捷.孔子和柏拉图美学思想之差异[J].华北水利水电学院学报(社科版),2007(2):28-

29,35.

[68] 刘天华.《拉奥孔》与古典园林：浅论我国园林艺术的综合性[J].学术月刊,1982(10)：
15-21.

[69] 赵春艳,周帆.去理性之蔽 还感性之辉：柏拉图美学思想两面观[J].遵义师范学院学报,
2005(6):31-33,40.

[70] 孟庆雷.不同历史境遇下的中西和谐美学话语—儒家的"中和美"与古希腊的"和谐美"比较
[J].孔子研究,2007(1):81-87.

[71] 黑格尔.美学(第一卷)[M].朱光潜,译.北京:商务印书馆,2011.

[72] 于民.中国美学史资料选编[M].上海:复旦大学出版社,2008.

[73] 莱辛.拉奥孔[M].朱光潜,译.北京:商务印书馆,2016.

[74] 巴鲁赫·斯宾诺莎.笛卡儿哲学原理[M].北京:商务印书馆,1980.

[75] 王日明,龙岳林,熊兴耀.景观行为学初探[J].农业科技与信息(现代园林),2008(6):
30-32.

[76] 腾守尧.审美心理描述[M].成都:四川人民出版社,1998.

[77] 林玉莲,胡正凡.环境心理学[M].北京:中国建筑工业出版社,2012.

[78] 周益民.行为学派与风景美学[J].湖北美术学院学报,1999(1):12-13.

[79] ERVIN H Z, GARY T M. Advances in environment, behavior, and design(volume 2)[M].
New York: Plenum PresS. 1987.

[80] PINE B J Ⅱ, JAMES H G. The Experience Economy: Work is Theatre and Every Business a
Stage[M]. Harvard Business School Press, 2011.

[81] MIKEL D. 审美经验现象学[M].韩树站,译.陈荣生,校.北京:文化艺术出版社,1996.

[82] SOMMER R. Studies in Personal Space[J]. Sociometry, 1959, 22(3):247-260.

[83] WILLIAM C S, FRANCES E K, STEPHEN F D. The Fruit of Urban Nature Vital
Neighborhood Spaces[J]. Environment and Behavior, 2004, 36(5):678-700.

[84] TVERSKY B. Structures Of Mental SpacesHow People Think About Space[J]. Environment
and Behavior, 2003, 35(1):66-80.

[85] ULRICH R S. Human responses to vegetation and landscapes[J]. Landscape and Urban
Planning, 1986, 13(86):29-44.

[86] ULRICH R S. Visual landscape preference: A model and application[J]. Man-Environment
Systems, 1977, 7(5):279-293.

[87] ULRICH R S. Aesthetic and Affective Response to Natural Environment[J]. Human Behavior
and Environment, 1983(6):85-125.

[88] A·弗雷德曼,K·齐默宁,O·佐布,等.环境设计评估的结构—过程方法(续)[J].新建
筑,1990(3):75-78.

[89] SWANWICK C. Landscape Character Assessment：Guidelines for England and Scotland[R]，2002.

[90] 饶小军. 国外环境设计评价实例介评[J]. 新建筑，1989，25(4)：28-34.

[91] 徐磊青. 场所评价理论和实践[D]. 上海：同济大学，1995.

[92] 朱小雷. 建成环境主观评价方法研究[M]. 南京：东南大学出版社，2005.

[93] 戴菲，章俊华. 规划设计学中的调查方法(1)：问卷调查法(理论篇)[J]. 中国园林，2008(10)：82-87.

[94] 章俊华. 规划设计学中的调查分析法(20)：重回归分析[J]. 中国园林，2005(3)：75-78.

[95] 章俊华. 规划设计学中的调查分析法(19)：相关分析[J]. 中国园林，2005(1)：73-77.

[96] 章俊华. 规划设计学中的调查分析法 18：时系列分析[J]. 中国园林，2004(12)：72-77.

[97] 章俊华. 规划设计学中的调查分析法(17)：判别分析[J]. 中国园林，2004(11)：75-78.

[98] 章俊华. 规划设计学中的调查分析法 16：SD 法[J]. 中国园林，2004(10)：54-58.

[99] 章俊华. 规划设计学中的调查分析法 15：因子分析[J]. 中国园林，2004(9)：73-78.

[100] 俞孔坚. 景观：文化、生态与感知[M]. 北京：科学出版社，1998.

[101] 刘滨谊. 风景园林学科专业哲学：风景园林师的五大专业观与专业素质培养[J]. 中国园林，2008(1)：12-15.

[102] MAGGIE K. The Chinese Garden[M]. Harvard University Press，2003.

[103] 尚永亮. 寓意山水的个体忧怨和美学追求：论柳宗元游记诗文的直接象征性和间接表现[J]. 文学遗产，2000(3)：25-33.

[104] 计成. 园冶[M]. 陈植，注释. 北京：中国建筑工业出版社，1988.

[105] 冯纪忠. 屈原·楚辞·自然[J]. 时代建筑. 1997(2)：4-11.

[106] 笠原仲二. 古代中国人的美意识[M]. 杨若薇，译. 北京：生活·读书·新知三联书店，1988.

[107] 张克定. 空间关系构式及其意义建构[J]. 重庆大学学报(社会科学版)，2009，15(2)：119-123.

[108] 常怀生. 建筑环境心理学[M]. 北京：中国建筑工业出版社，1990.

[109] 郭熙. 林泉高致[M]. 北京：中华书局，2010.

[110] 赵善德. 先秦时期珠江三角洲环境变迁与文化演进[J]. 华夏考古，2007(2)：90-97.

[111] 陆邵明. 让自然说点什么：空间情节的生成策略[J]. 新建筑，2007(3)：16-21.

[112] 刘新德，易乐. 建筑采光色彩的心理效应及应用[J]. 华中建筑，2001(3)：45-47.

[113] 蔡沪军. 建筑营造中的材质美学[J]. 新建筑，2004(3)：54-56.

[114] 伍端. 空间情景美学及其图绘探索[J]. 世界建筑，2013(6)：110-113.

[115] BRUNO G. Atlas of emotion：journeys in art，architecture and film[J]. Verso，2002.

[116] 夏之放. 论审美意象[J]. 文艺研究，1990(1)：27-36.

[117] JOHN D H. Gardens and Picturesque：Studies in the History of Landscape Architecture[M]. Cambridge：Massachusetts Institute of Technology Press，1994.

[118] 侯幼彬.中国建筑美学[M].哈尔滨：黑龙江科学技术出版社,1997.

[119] 朱建宁."立象以尽意,重画以尽情"：试论意境理论的文化内涵与创作方法[J].中国园林, 2016(5)：86-91.

[120] 赵伟霞,唐丽,吕红医.地坑院窑皮空间的构成及其影响因子解析：以陕县凡村地坑院窑皮空间研究为例[J].建筑学报,2010(s1)：80-83.

[121] 阿摩斯·拉普卜特.宅形与文化[M].常青,徐菁,李颖春,等,译.北京：中国建筑工业出版社,2007.

[122] 鲁道夫·阿恩海姆.建筑形式的视觉动力[M].宁海林,译.北京：中国建筑工业出版社,2006.

[123] 刘滨谊.风景景观环境：感受信息数字模拟[J].同济大学学报(自然科学版),1992(2)：169-176.

[124] 凯文·林奇.城市意象[M].方益萍,何晓军,译.北京：华夏出版社,2017.

[125] 藤本壮介.建筑诞生的时刻[M].张钰,译.桂林：广西师范大学出版社,2013.

[126] 赵冰.人的空间[J].新建筑,1985(2)：31-38.

[127] 布莱恩·劳森.空间的语言[M].杨青娟,译.北京：中国建筑工业出版社,2003.

[128] WILLIAM G. Three essays：on Picturesque Beauty，on Picturesque Travel，and on Sketching Landscape：to Which is added a Poem，on Landscape Painting[M]. London，1792.

[129] 荆其敏,张丽安.生态的城市与建筑[M].北京：中国建筑工业出版社,2005.

[130] 管少平,朱钟炎.两种如画美学观念与园林[J].建筑学报,2016(4)：65-71.

[131] 冯纪忠.组景刍议[J].中国园林,2010,26(11)：20-24.

[132] 俞孔坚.自然景观空间意义之探索：南太行山典型峡谷景观韵律美评价[J].北京林业大学学报,1991(1)：9-17.

[133] 王国维.人间词话[M].上海：上海古籍出版社,2008.

[134] 谢光钰.柳宗元审美创作及理论研究[D].昆明：云南大学,2012.

[135] 黄一如.自然观与园林伴生的历史[D].上海：同济大学,1992.

[136] 戴睿,刘滨谊.景观视觉规划设计时空转换的诗境量化[J].中国园林,2013,29(5)：11-16.

[137] 刘滨谊.中国诗词的景观感受时空转换机制[C].中国风景园林学会.2012国际风景园林师联合会(IFLA)亚太区会议暨中国风景园林学会2012年会论文集(上册).北京：中国建筑工业出版社,2012.

[138] 刘滨谊.寻找中国的风景园林[J].中国园林,2014,30(5)：23-27.